经典实用技术丛书

鹅高效饲养与产品加工一本通

汪志铮　编著

U0207544

机械工业出版社
CHINA MACHINE PRESS

本书主要介绍了鹅高效饲养与产品加工的几个环节，包括鹅优良品种、繁育与孵化、饲料与营养、饲养管理、疫病防治、鹅场建设与经营管理，以及鹅肥肝、鹅肉、鹅蛋、鹅羽绒等产品的生产与加工技术，并介绍了国内外养鹅领域的最新成果。

本书内容新颖，所述技术先进，具有针对性、实用性、可操作性，适合广大养鹅专业户、鹅场的生产技术人员阅读使用，对从事养殖教学、科研的人员也有一定的参考价值。

图书在版编目（CIP）数据

鹅高效饲养与产品加工一本通/汪志铮编著. —北京：机械工业出版社，2020.1

（经典实用技术丛书）

ISBN 978-7-111-63720-2

Ⅰ.①鹅… Ⅱ.①汪… Ⅲ.①鹅－饲养管理②鹅－畜产品－加工 Ⅳ.①S835.4②TS251

中国版本图书馆 CIP 数据核字（2019）第 201005 号

机械工业出版社（北京市百万庄大街 22 号　邮政编码 100037）
策划编辑：周晓伟　责任编辑：周晓伟　陈　洁
责任校对：李亚娟　责任印制：孙　炜
保定市中画美凯印刷有限公司印刷
2020 年 1 月第 1 版第 1 次印刷
147mm×210mm · 5.5 印张 · 184 千字
0001—3000 册
标准书号：ISBN 978-7-111-63720-2
定价：25.00 元

电话服务　　　　　　　　　　网络服务
客服电话：010-88361066　　机　工　官　网：www.cmpbook.com
　　　　　010-88379833　　机　工　官　博：weibo.com/cmp1952
　　　　　010-68326294　　金　书　网：www.golden-book.com
封底无防伪标均为盗版　　机工教育服务网：www.cmpedu.com

Preface 前言

　　鹅以吃青绿饲料为主,鹅饲养具有耗粮少、成本低、周转快、效益高、抗逆性强等特点,是当前畜牧业结构调整的优势产业之一。农业产业结构的调整,粮、经、饲三元模式的推行,为养鹅业的发展提供了极其丰富的饲养资源。鹅产品的广泛开发利用安全生产及产业化的不断推进,极大地加快了养鹅业发展的步伐。养鹅业成为21世纪的朝阳产业,具有广阔的发展前景。

　　为了更好地适应现代科技型养鹅业的发展,笔者根据多年从事养鹅生产实践和教学科研积累的资料,参阅国内外养鹅最新技术和经验,在广泛调查研究的基础上,精心编写了本书,以飨读者。

　　本书较为全面地介绍了现代养鹅生产中的主要环节及技术关键,主要包括养鹅业发展概况、鹅品种、繁育技术、孵化技术、营养需要与日粮配合、饲养管理、疫病防治、鹅场设计与建设、鹅场经营管理,以及鹅肥肝、鹅肉、鹅蛋、鹅羽绒等产品的生产与加工技术等。全书资料翔实,文图并茂,技术先进可靠,具有实用性强、可操作性强、前瞻性强等特点,可供广大养鹅专业户、鹅场的生产技术人员阅读,对从事养殖教学、科研的人员也有一定的参考价值。

　　需要特别说明的是,本书所用药物及其使用剂量仅供读者参考,不可照搬。在实际生产中,所用药物学名、常用名与实际商品名称有差异,药物浓度也有所不同,建议读者在使用每一种药物之前,参阅厂家提供的产品说明以确认药物用量、用药方法、用药时间及禁忌等。购买兽药时,执业兽医有责任根据经验和对患病动物的了解决定用药量及选择最佳治疗方案。

　　由于编写水平有限,书中不妥和错误之处在所难免,敬请广大读者批评指正。

编著者

目 录 Contents

第一章 认识鹅

第一节 养鹅是 21 世纪的朝阳产业

鹅是以食草为主的水禽,是节粮型家禽,其肉蛋产品属绿色安全食品。养鹅具有短、平、快的突出特点。在商品生产中,鹅比牛、羊占有更大的经济、生态优势:它既可户养,又可规模旱养;既可放养,又可圈养;既可地面平养,又可网上平养。因此,养鹅是广大农村饲养的优势产业,更是贫困地区脱贫致富的好产业。

从禽产品市场发展形势看,我国的养鹅业在国际市场上没有竞争对手,在国内市场上没有进口冲击,在贸易全球化的大背景下,是真正自由的省心产业。

鹅的抗逆性强,适应性广,耐粗放饲养,投资少,产出多,生长快,消耗少,经济价值高。一只中型优良肉用仔鹅饲养 60～80 天,活重可达 3～4 千克,在放牧加补饲的条件下,料肉比为 1.5∶1,饲料成本比养鸡、鸭、猪都低。和养猪相比,同样的饲料量养鹅可以得到 3 倍于养猪的产量,同样的投入值,产值鹅是 32 倍,鸭是 24 倍,鸡是 14 倍。在国家退耕还林、还草政策的推动下,各地都在积极开展种草养鹅工作。养鹅成为发展农村经济和农民增收的有效途径。

目前,鹅在国内外市场上处于供不应求的状态。我国对鹅的年需求量在 8 亿～9 亿只,而全国的饲养量仅有 6 亿只左右。据统计,上海对鹅的年需求量达 2000 万只,广州年需求量达 7000 万～8000 万只,广西也在 7000 万只左右,香港每天就需要 10 万只。而且鹅餐馆在全国遍地开花,鹅肉的消费呈现全国普及的局面,市场非常广阔。在肉类市场消费份额中,鹅肉已经从 10 年前的 1% 上升到目前的 4%,今后鹅肉市场份额仍呈上升趋势。在国际市场上,鹅肉的需求量也明显呈增长趋势。德国在圣诞期间就需要 450 万只鹅;东南亚国家、俄罗斯、中亚国家等的人民都喜欢吃鹅肉，在欧洲鹅肉的价格要比鸡肉高 2 ~ 3 倍。可见，鹅肉的国际市场前景非常广阔。

第二节 鹅的习性

一、能较好地利用青绿饲料

鹅没有咀嚼饲料的牙齿，也没有嗉囊，只有壶腹状的食道和食道膨大部，食道膨大部的肌肉收缩便将饲料压入胃内。鹅的肌胃特别发达，肌胃的压缩力为 260 ~ 280 毫米汞柱（1 毫米汞柱 = 133.322 帕），为鸡的 2 倍，为鸭的 1.5 倍。此外，鹅的消化道比其体长长 10 倍（鸡为 7 倍），盲肠也较发达。因此，鹅能够大量食用青绿饲料，能消化青草中 76% 的蛋白质。

二、合群性强

鹅喜欢群体生活，行列整齐而不乱，偶尔分散独处，便会"呱呱"呼叫，快速追赶同伴，这为大群放牧提供了方便。

三、适于放牧饲养

鹅的嘴内有向内生长着的尖锐锯齿，可以切断植物纤维。据研究，溆浦鹅上喙内有 52 ~ 56 个锯齿，下喙内有 80 ~ 96 个锯齿。鹅的舌厚且长，尖端有倒向咽喉部的小凸起，可将切断的青草叶迅速送到咽部。鹅舌的表面粗糙，能抵住食物贴近地面，可以啃断鲜嫩青草。

四、具有水禽的特点

鹅习惯在水中觅食、嬉戏和交配，只有在休息、产蛋和喂食时，才到陆地上来。鹅的羽毛细密而柔软，保温性好。鹅的皮下脂肪丰富，尾脂腺发达，起到御寒防水的作用。但 1 月龄以内的雏鹅的尾脂腺还不能分泌脂肪，放牧时应防止雨水或露水浸湿其绒毛，以免引起感冒而造成其大批死亡。

五、夜食性

鹅吃下的饲料在消化道内保留的时间平均为 1.3 小时，比羊（平均 52.2 小时）少得多。因此，鹅不仅在白天采食，夜间也定时采食。民间流行的"鹅下百蛋，夜食不断"就是这个意思。

六、生长速度快

雏鹅出壳后，体重为 90 ~ 100 克，大型品种达 130 克以上。在正常情况下，不同日龄雏鹅体重的增加速度相当于初生重的倍数，10 日龄为 3.5 倍，20 日龄为 7 倍，30 日龄为 14 倍，40 日龄为 17 倍，50 日龄为 24 倍，60 日龄为 30 倍，80 日龄为 40 倍。浙东白鹅在放牧条件下，30 日龄体重为 1.3 千克，60 日龄时可达成年鹅体重的 80%。由于这一生物学特性，鹅在 60 日龄左右就可屠宰上市。

七、繁殖力低

鹅公母比例大，约为 1:6。公鹅在鹅群中的数量比例通常比公鸡在鸡群中的比例高 1 倍以上。繁殖力低主要表现在以下几个方面：

性成熟晚。多数品种鹅的性成熟在 180~210 日龄，晚熟品种在 240~270 日龄，早熟品种在 140~150 日龄。

产蛋量低。国外和我国南方的鹅绝大多数品种年产蛋 30~50 枚，少数品种可以达 70~80 枚。我国北方的鹅产蛋量一般在 80 枚以上，山东的五龙鹅、辽宁的豁鹅、吉林和黑龙江的籽鹅年产蛋量都在 130 枚以上，个别品种的鹅年产蛋量高达 225 枚，是世界上产蛋量最高的品种。

蛋的受精率和孵化率低。国外报道，自然交配的鹅蛋受精率为 60%~70%，受精蛋的孵化率仅为 55%~61%。我国鹅的产蛋量、蛋的受精率和受精蛋的孵化率较鸡和鸭低。

八、羽毛有再生力

鹅的羽毛具有良好的再生性，拔后可以再长。利用这一特性，实行活体多次拔毛，生产优质羽绒，产完一季蛋后，玛加尔鹅（匈牙利白鹅）年拔毛 3 次，可产羽绒 400~450 克。黑龙江省土产公司在兰西县红光供销社试验一年拔毛 4 次，羽绒的含绒量在 25% 左右。

九、抗病力强

鹅的免疫机制较完善，幼鹅胸腺特别发达，成年鹅血清中球蛋白含量较高。同其他家禽比较，鹅的疾病少，成活率高，在粗放条件下，育雏的成活率可达 90%~95%。

十、警惕性高

鹅的听觉敏锐，并且声音粗大而嘹亮，相互应和，一呼百应。鹅秉性勇敢，遇到生人时，常鸣声大作，张翼开嘴啄击。公鹅凶猛喜叫，能够咽食蚯蚓。因此，我国民间常用鹅来看守家门和作为祝寿礼品。

十一、喜欢吃素

在放牧条件下，只要各种杂草质优量足，无论在草地还是在有水草的水面放牧，一般鹅不吃活食（人工配合饲料搭配的动物性饲料除外）。利用鹅的这一特性，实行鹅鱼混养，鹅粪可做鱼的优质饲料，鹅在水面游动，还可给鱼增加水中的氧气，是一举两得的好事。

第三节 鹅的品种

一、国内主要地方优良品种

（一）大型鹅种

狮头鹅是世界上三大重型鹅种之一，以体型大、生长快、肉肥美著称，因其额和脸侧有较大肉瘤，形似狮头而得名。原产于广东省饶平县浮滨镇溪楼村，多分布于澄海、潮安、揭阳市和汕头市郊。羽毛为灰白色或灰褐色。成年公鹅体重 10~12 千克，成年母鹅体重 9~10 千克。在一般饲养条件下，70 日龄母鹅体重可达 5.5~6.5 千克，公鹅体重可达 5.5~7.2 千克。半净膛屠宰率为 82.9%，全净膛屠宰率为 72.3%。一般情况下，240~270 日龄才开始产蛋。每年产蛋量达 28~34 枚，蛋重约 200 克。母鹅就巢性强。

狮头鹅肝的育肥性能好，经填肥 28~34 天，平均肝重 960.2 克，最重的达 1400 克，料肝比为（35~40）：1。因此，狮头鹅是我国生产肥肝最好的鹅种，同时又是生产肉用仔鹅的一个优良父本。现已推广至全国 20 多个省、直辖市、自治区，用以改良当地鹅种，效果很好。

（二）中型鹅种

1. 雁鹅

雁鹅原产于安徽省寿县、霍邱县和河南省的固始县，也称苍鹅、瘤鹅，在世界上被列为九大优良鹅种之一，以安徽六安、江苏西南部较为集中，东北三省特别是黑龙江各地也有很大的数量。雁鹅具有 1 个月产蛋、1 个月孵蛋、1 个月加料复壮，即一季一循环的习性，因此又有"四季鹅"之美称。公鹅体重 6~7 千克，母鹅体重 5~8 千克。在较好的舍饲条件下，10 周龄体重可达 4~5 千克。半净膛屠宰率为 84% 左右，全净膛屠宰率为 72% 左右。雁鹅年产蛋量达 45~60 枚，蛋重 140~170 克。

2. 溆浦鹅

溆浦鹅原产于湖南省沅江支流溆水两岸，分布在溆浦全县及怀化其他县、市。溆浦鹅体型高大，体躯稍长，呈长圆柱形。毛色有白色和灰色两种，以白色居多。喙及肉瘤因毛色而异，白鹅为橘红色，灰鹅为黑褐色。跖、蹼均为橘红色。成年公鹅体重 6 ~ 7 千克，成年母鹅体重 5 ~ 6 千克。肉用仔鹅饲养 3 个月，平均体重可达 4.5 千克，平均每增重 1 千克仅耗料 0.56 千克。6 月龄公、母肉鹅半净膛屠宰率分别为 88.6% 和 87.3%，全净膛屠宰率分别为 80.7% 和 79.7%。母鹅于 7 月龄左右开产。年产蛋量为 25 ~ 50 枚，平均蛋重 212.5 克。蛋壳以白色居多，少数为浅青色。蛋壳厚度为 0.62 毫米，蛋清占 53.2%，蛋黄占 35.1%，蛋壳占 11.9%，煮熟后失水率达 2.3%。蛋形指数为 1.28。该品种鹅就巢性强，一般每年就巢 2 ~ 3 次，多的达 5 次。

溆浦鹅具有生产特级肥肝的能力，是新发掘的优良肥肝鹅种。人工强制填肥 4 周后，体重增长率为 67%，肥肝平均重 627 克，最大肥肝重 1330 克。因为肥肝性能好，全国各地争相引种饲养。

3. 皖西白鹅

皖西白鹅是我国的优良鹅种之一，产于安徽西部丘陵山区、河南固始等地，主要分布在霍邱、寿县、六安、肥西、舒城、长丰等县。腌制加工的腊鹅是产区传统的肉食品，尤以羽绒为主要特色，是安徽省重要的出口物资之一。皖西白鹅是我国鹅白羽类型的代表品种。成年公鹅体重 5.5 ~ 6.5 千克，成年母鹅体重 5 ~ 6 千克。80 日龄屠宰测定，半净膛屠宰率为 79.0%，全净膛屠宰率为 72.8%。母鹅于 180 日龄开产，年产 2 期蛋，抱 2 次窝。年产蛋量达 25 枚。

皖西白鹅的产绒性能极好，羽绒洁白，尤以绒毛的绒朵大而出名。据测定，平均每只成年鹅产羽绒 349 克，其中纯绒毛量达 40 ~ 50 克。产区出口绒占全国出口量的 10%，居全国第一位，占全世界羽绒贸易量的 3.3%。

4. 浙东白鹅

浙东白鹅产于浙江省东部沿海及杭州湾南部地区，主要分布于奉化、定海、象山、鄞州、余姚、绍兴、上虞、新昌等地，近年来年饲养量超过 200 万只。本品种在青年期做短期育肥后，加工成"宁波冻鹅"（商品牌号），销往香港，深受欢迎，成为供港食品中的一个名牌。成年公鹅体重 5.4 千克，成年母鹅体重 4.5 千克。70 日龄平均体重达 3.7 千克，半净膛屠宰率为 81%，全净膛屠宰率为 72%。

5. 四川白鹅

四川白鹅产于四川省温江、乐山、宜宾和达县等地，是我国中型白鹅中基本无就巢性、产蛋较多、肉仔鹅生长速度快的优良品种。成年公鹅体重 5 ~ 5.5 千克，成年母鹅体重 4.5 ~ 4.9 千克。四川白鹅平均出壳体重 71.1 克，90 日龄平均体重 3.5 千克。公鹅半净膛屠宰率为 86.28%，母鹅为 80.69%；公鹅全净膛屠宰率为 79.27%，母鹅为 73.10%。母鹅年产蛋量 60 ~ 80 枚，平均蛋重 146.28 克。蛋壳为白色。

据测定，四川白鹅的平均肥肝重 344 克，最重的为 520 克，料肝比为 42∶1。

6. 马岗鹅

马岗鹅产于广东省开平市，分布于佛山、肇庆等地，具有早熟易肥的特点。马岗鹅以乌头、乌喙、乌颈、乌脚为其特征。成年公鹅体重 5.5 ~ 6.5 千克，成年母鹅体重 4.5 ~ 5.2 千克。半净膛屠宰率为 85% ~ 88%，全净膛屠宰率为 73% ~ 76%。皮薄、肉嫩、脂肪含量适度，肉质上乘。母鹅 140 ~ 150 日龄开产，就巢性强。年产蛋量为 35 ~ 40 枚，平均蛋重 150 克。

7. 固始白鹅

固始白鹅产于河南省固始县境内，与之毗邻的潢川、商城、淮滨，以及光山、新县、息县、罗山等地也都有相当数量的分布。多数固始鹅为纯白色。初生雏鹅体重 180 克，90 日龄体重可达 4.5 千克。185 日龄半净膛屠宰率为 79.51%，全净膛屠宰率为 68.55%。固始白鹅毛片大，毛绒丰厚，含绒率高达 20% ~ 25%，母鹅 160 ~ 170 日龄开产。年产蛋量为 24 ~ 26 枚，个别高产鹅可达 70 枚。平均蛋重 145.4 克，蛋形指数为 1.5。固始白鹅的就巢性较强，几乎达 100%。

8. 扬州鹅

扬州鹅产于江苏高宝邵伯湖一带。羽毛纯白，前额肉瘤、脚、蹼均为橘黄色。成年公鹅体重 5.57 千克，成年母鹅体重 4.17 千克。70 日龄平均体重 3.45 千克。年产蛋量 72 枚，平均蛋重 140 克。

（三）小型鹅种

1. 太湖鹅

太湖鹅原产于江苏、浙江、上海两省一市的太湖流域，具有产蛋量多、仔鹅生长快、耗料少、适应性强、肉质好等特点。成年公鹅体重 4.5 千克，成年母鹅体重 3.5 千克。成年公鹅的半净膛屠宰率和全净膛屠宰率分别为 84.9% 和 75.6%；母鹅则分别为 79.2% 和 68.8%。平均肥肝重 312.6 克，最重达 638 克。

母鹅 160 日龄左右开产，就巢性弱，群体中约有 10% 的个体有就巢性，就巢时间也较短。年产蛋量为 80 ~ 90 枚，高产个体达 123 枚。平均蛋重 135 克，蛋壳为白色，蛋形指数为 1.44。太湖鹅羽绒洁白，绒质较好，屠宰一次性褪毛羽绒 200 ~ 250 克，含绒量为 30%。著名的太湖鹅种鹅场有苏州市太湖鹅种鹅场、无锡市种禽场等。

2. 豁眼鹅

豁眼鹅因其上眼睑边缘后上方豁而得名，分布于山东莱阳及东北三省，目前吉林省正方农牧发展有限公司育种中心下设豁眼鹅原种鹅场。近年来，该品种在新疆、广西、内蒙古、福建、安徽、湖北等地均有分布。豁眼鹅是世界有名的蛋用鹅，主要特点是产蛋多，生长快，耐粗饲，适应性强，肉质好；体质细致紧凑，全身羽毛洁白。成年公鹅体重 4.5 千克左右，成年母鹅体重 3.5 千克。半净膛屠宰率为 78.3% ~ 81.2%，全净膛屠宰率为 70.3% ~ 72.6%。在半放牧饲养条件下，母鹅年产蛋量为 100 枚左右，平均蛋重 130 克左右，蛋壳为白色，蛋壳厚度为 0.45 ~ 0.51 毫米，蛋形指数为 1.41 ~ 1.48。

3. 籽鹅

籽鹅的中心产区位于黑龙江省绥北和松花江地区。该品种产蛋多，生长快，能在寒冷和粗放饲养条件下保持高产，因而得名"籽鹅"。羽毛为白色。成年公鹅体重 4 ~ 4.5 千克，成年母鹅体重 3 ~ 3.5 千克。70 日龄仔鹅半净膛率 78.02%（母）和 80.19%（公），全净膛率 69.47%（母）和 71.30%（公）。籽鹅生后 6 个月即开产，年产蛋量达百枚，多者达 180 多枚，平均蛋重 131.1 克，蛋壳为白色，蛋形指数为 1.43。籽鹅的就巢性弱。

4. 乌鬃鹅

乌鬃鹅原产于广东省清远市，故又名清远鹅，因颈背部有一条由大渐小的深褐色鬃状羽毛而得名。以清远市及邻近的花都区、佛冈、从化、英德等地较多。成年公鹅体重 3.4 ~ 3.9 千克，成年母鹅体重 2.7 ~ 3.1 千克。乌鬃鹅早期生长速度较快，平均初生重 95 克，90 日龄平均体重 3.17 千克，料肉比为 2.31 : 1。公鹅半净膛率和全净膛率分别为 87.4% 和 77.4%，母鹅则分别为 87.5% 和 78.1%。乌鬃鹅肉质优良，适于烤用。母鹅开产日龄为 140 天左右，年产蛋量为 31 ~ 35

枚，平均蛋重 144.5 克。蛋壳为浅褐色，蛋形指数为 1.49。

乌鬃鹅具有早熟、觅食力强、食量少、骨细肉嫩、出肉率高、肉质鲜美、育肥性能好等特点，活鹅在我国香港、澳门地区有较高的声誉。

5. 炎陵白鹅

炎陵白鹅的中心产区位于湖南省炎陵县（旧称酃县）沔渡和十都两镇，以沔水和河漠水流域饲养较多。炎陵县白鹅早期生长快，肉质好。雏鹅平均初生重78.7克，90日龄平均体重达3.67千克。成年公鹅体重4.25千克，成年母鹅体重4.15千克。6月龄的公鹅半净膛屠宰率为84.15%，全净膛屠宰率为78.17%；母鹅半净膛屠宰率为83.95%，全净膛屠宰率为75.68%。母鹅年产蛋量为46枚，平均蛋重142.6克。蛋壳为白色，蛋壳厚度为0.59毫米，蛋形指数为1.49。

6. 闽北白鹅

闽北白鹅的中心产区位于福建省北部的松溪、政和、顺昌、邵武、浦城、武夷山、建阳、建瓯等地，饲养量约为70万只。成年公鹅体重4千克以上，成年母鹅平均体重3.62千克。公、母鹅半净膛率分别为81.66%、82.87%，全净膛率分别为71.61%、69.87%。母鹅年产蛋量为30～40枚，平均蛋重在150克以上，蛋壳为白色，蛋形指数为1.41。

闽北白鹅抗寒力强、耐粗饲、增重快、肉质好，适应于山区水域及分散草场放牧饲养，是优良的小型鹅种之一。

7. 金乡百子鹅

金乡百子鹅产于山东省金乡县、鱼台县。金乡百子鹅是籽鹅与当地鹅进行杂交，经不断选育而成的。该品种年产蛋量在百枚以上，蛋较大，深受群众喜爱，所以称为百子鹅。其毛色有两种：一种是灰鹅，俗称雁鹅，以灰色为主；另一种是白鹅，背部羽毛有黑斑。该品种头呈方圆形，多数带有凤头，眼大有神。灰鹅虹彩多为土黄色，灰色者较少。喙的基部前有一肉瘤，公鹅尤为显著，并且灰鹅的喙为黑色，白鹅的喙为橘黄色；颔下咽袋较大，颈细长，腿多呈橘红色；灰鹅的爪为黑色，白鹅的爪为白色。成年鹅体重3.6～3.9千克，公鹅比母鹅略大。经屠宰测定，半净膛率为86.4%，全净膛屠宰率为74.7%。母鹅于270日龄开产，年产蛋量为100～120枚，高产的可达150枚，蛋重160～200克。母鹅就巢性较差，4%～5%有就巢性。

8. 右江鹅

右江鹅产于广西百色地区，由于主要分布于右江两岸的 12 个县市，故名右江鹅。按羽色分，有白鹅和灰鹅两种。成年公鹅体重 4.5 千克，成年母鹅体重 4 千克。6 月龄屠宰测定，公鹅半净膛率为 84.48%，全净膛屠宰率为 74.71%；母鹅净半膛屠宰率为 81.13%，全净膛率为 72.76%。母鹅于 9 月龄开始产蛋。年平均产蛋量为 40 枚。蛋重 150 ~ 170 克。蛋壳多数为白色，少数为青色。

二、国外优良品种

（一）朗德鹅

朗德鹅原产于法国西南部朗德省，是由大型的图卢兹鹅和体型较小的玛瑟布鹅经长期连续杂交后选育而成的，是法国也是世界上最著名的肥肝专用种。目前，吉林省正方农牧发展有限公司育种中心下设朗德鹅种鹅场。

朗德鹅羽毛为灰褐色，体型中等偏大，成年公鹅体重 7 ~ 8 千克，成年母鹅体重 6 ~ 7 千克。仔鹅 8 周龄活重即可达 4.5 千克，肉用仔鹅经填肥后，活重可达 10 ~ 11 千克，日增重 70 克左右。

朗德鹅由于体腹长、颈粗短，是国际著名的肥肝型鹅种，产肝性能较佳。我国曾在 1979 年和 1986 年两次引进朗德鹅，主要在于利用其杂种优势和开发我国的鹅肥肝性能。朗德鹅引入我国经过多个世代的繁育后，依然表现了优良的生长速度与肥肝性能，有着良好的经济效益和开发前景。山东昌邑鹅肥肝开发公司曾对 1182 只朗德鹅填饲 19 ~ 20 天，平均肥肝重 895.63 克，其中最大肥肝重 1780 克，填成率达 95.7%，料肝比为 23.8∶1，肥肝正品率达 99%，大于 500 克的优质肝为 95.5%，填饲期间每只鹅消耗玉米 20 ~ 25 千克，有的生产指标已经达到法国的生产水平。母鹅年产蛋量为 35 ~ 40 枚，蛋重 180 ~ 200 克。

（二）莱茵鹅

莱茵鹅原产于德国莱茵州，是世界上有名的优良鹅种，以产蛋量高、繁殖力强而著称。莱茵鹅生长速度快，仔鹅在适当的饲喂条件下，日增重达 80 克左右，56 日龄的活重达 4.2 ~ 4.3 千克，肉料比为 1∶（2.5 ~ 3）。年产蛋量为 50 ~ 60 枚，蛋重 150 ~ 190 克。羽绒细白柔软，在 84 日龄即可进行第一次人工拔毛，每隔 6 周拔 1 次，可连续 3 ~ 4 次，共可拔毛 450 ~ 600 克，比本地鹅多拔羽绒 150 ~ 300 克。成年公鹅体重 5 ~ 6 千克，成年母鹅体重4.5~5千克。我国江苏、山东、吉林、上海和重庆等地都已引进了该鹅种并进行生产。

（三）丽佳鹅

丽佳鹅是著名的肉蛋兼用型品种，原产于丹麦，我国于2001年引种饲养。头长而直，喙短而基部粗，眼睛呈浅蓝色，体宽且粗壮，胸圆；喙、胫、蹼均为橘黄色；羽毛坚硬而紧贴体躯，颈部为纯白色。雏鹅毛色黑白夹杂，4周龄开始逐渐转白，8周龄时羽毛变为全白色。商品代初生重约为89.5克，6周龄体重约为2.73千克，8周龄体重约为4.12千克，成年鹅体重7千克左右。母鹅于293日龄开产，开产体重为5.89千克，入舍母鹅平均产蛋44.2枚，种蛋受精率约为89%，受精蛋孵化率为84%左右。

第二章 鹅的繁育与孵化

第一节 鹅的繁育

一、选种技术

选留种鹅要根据外貌、生产性能、系谱和后裔的生产性能、性状等方面，选出生产性能优良的符合本品种要求的公、母鹅留作种用。选择种鹅一般在初生雏、后备鹅和成年鹅3个阶段进行。

1. 雏种鹅的选择

应选择第2~4年母鹅所产种蛋孵化出壳的正常雏鹅，在开食前进行挑选。要求健壮，体重较大，体躯长而宽，活泼灵敏，鸣叫清脆，行动稳健，腹部柔软有弹性，脐部洁净，蛋黄吸收良好。

2. 后备种鹅的选择

通常在70~80日龄时进行后备种鹅的选择。要选择生长发育好、符合本品种特征、体重一致的个体留种。后备种公鹅要选择体质结实、胸深而宽、背宽又长、腹部平整、腿粗壮有力、鸣声洪亮的个体。后备种母鹅要选择颈部细长、两眼有神、体型长圆、前躯浅而窄、后躯宽而深、臀部宽广的个体。

3. 成年种鹅的选择

通常在进入性成熟时进行成年种鹅的选择。

（1）根据外貌和生理特征进行选择 成年种鹅要选择毛色、喙、胫颜色、体型、肉瘤都符合本品种特征的个体。成年种公鹅要头大颈粗，眼大有神，行走稳健，胸深背宽，鸣声洪亮。成年种母鹅要头部清秀，颈细而长，腹部圆大，羽毛紧密，后躯宽深。

（2）根据性器官发育情况进行选择 此法主要用于选择成年种公鹅。对阴茎发育不全或发育不良，以及精子活力差的公鹅予以淘汰。

（3）根据生产技术资料进行选择 主要有：初生重、4周龄重、8

周龄重、育成期末重、开产时体重、开产日龄、饲料消耗量、蛋重、产蛋量、蛋形指数、种蛋受精率和孵化率等。

在对生产记录统计分析的基础上，可进行下列4种选择：

1）根据系谱资料进行选择。因为亲代的表型在遗传上具有一定的相似性，根据双亲及祖代的生产成绩记录进行选择，血缘关系越近影响越大。

2）根据自身生产成绩进行选择。对于遗传力强的性状（如腹脂率的遗传力为0.5～0.8），通过直接选择可以迅速获得显著的遗传改良。若应用遗传力弱的性状（如育雏期成活率仅为0.1）进行选择，那将效果很差（因为饲养条件和环境优劣对其影响很大）。

3）根据同胞成绩进行选择。同父母、同父异母、同母异父的兄弟姐妹之间有共同的祖先，在遗传上具有一定的相似性，特别是在选择成年种公鹅的产蛋性能时，可作为选择的主要依据之一。

4）根据后裔成绩进行选择。此法主要应用于公鹅。后裔测定的方法有母女对比法和后代间比较法等，前者主要通过母女成绩的对比对公鹅做出评价，后者是对两个或两个以上的公鹅在同一时期分别与其他母鹅交配，后代在相同的饲养管理条件下饲养，根据后代成绩来判断公鹅的优劣。

通常在培育种公鹅时，1日龄的公鹅比实际应多2（自然交配）～4倍（人工授精），这是因为有40%的幼公鹅和13%的1岁公鹅对按摩反应不好，不射精或射精很少。此外，还有一小部分公鹅阳痿。所以，最后的公母之比是：自然交配为1:（4～8），最低为1:（5～10）；人工授精为1:（10～15），最低为1:（10～20）。但要多选10%后备鹅，以便随时补充被淘汰的公鹅。

二、繁殖技术

1. 配种年龄

一般品种在180～200日龄即达到性成熟，8～9月龄达到体成熟时开始配种及产卵。试验证明，产过一年蛋的母鹅与青年公鹅交配，蛋的受精率和卵孵化率都高。禽谚说："雄要少，雌要老"正是这个道理。

2. 利用年限

一般留种的母鹅年龄最好在3岁以上，生产性能最旺盛。公鹅配种的年龄应在1.5～2岁，利用年限为2～4年。

3. 母鹅产蛋习性

母鹅成熟较晚，一般180日龄开产。母鹅产蛋量随年龄增长逐年增加，一般在第二年产蛋量增加 15%～25%，第三年增加 30%～45%。母鹅一般年产蛋 4 造，每造 8～15 枚，年产蛋量为 32～60 枚，每造产蛋期在 4 周左右，产完一造蛋后就巢孵化。

母鹅第二产蛋年产的蛋，比第一产蛋年的蛋重、大，雏鹅的初生重也大，生长发育快，育成率高。所以，对这样品种的鹅在第一产蛋年结束后，应选留一部分生产性能好的母鹅做种用，再产一年蛋，然后淘汰。鹅群中第一、第二、第三年龄的比例以 35：33：32 为宜。

4. 公母比例

一般来说，大种鹅的公母比例为 1：（5～6），小种鹅的公母比例为 1：（7～8）。

5. 配种时间

公鹅一天配种总次数中，早晨（9：00 以前）占 39.8%，傍晚（16：00～18：00）占 37.4%，早晚合计占 77.2%。这说明，抓好早晨、傍晚的配种是提高受胎率的关键。要做到早晨适当提早开棚放水，傍晚适当推迟关棚时间，使公鹅和母鹅获得配种的有利时机。每天至少放水配种 4 次。

6. 繁殖方法

（1）纯种繁殖　纯种繁殖通过本品种公、母鹅的合理配对，使之产生优良的后代。

1）同质选配。把本品种中生产性能或性状特点相似的公、母鹅配对组合，使后代性能或性状更趋于一致的选配方法。

2）异质选配。此法是把本品种中生产性能或性状特点差异较大的公、母鹅配对组合，增加后代的杂合性，降低亲代和子代的相似性。

3）随机交配。此法是为了保持群体遗传结构不发生改变而采用随机组合，进行自由交配。

（2）杂交繁殖　杂交繁殖是开展不同类型的品种间的组合配对，使后代表现出生长发育快、生产性能高、饲料报酬高的杂交优势。

1）用于商品生产的杂交繁育。

① 二元杂交：两个种群间进行杂交，产生的杂交一代全部供经济利用。

② 三元杂交：用两个种群的杂交一代母本与第三个种群的父本杂交，产生的三品种杂种全部供经济利用。

③ 四系配套杂交：四个种群分成两组，先各自杂交，再将两组的杂

种进行二次杂交，产生的四品种杂交后代全部供经济利用。

2）用于培育品种的杂交繁育。

① 级进杂交：用高产的优良品种公鹅与低产品种母鹅杂交，所得的杂种后代母鹅再与高产的优良品种公鹅杂交。通过3代或4代杂交繁育获得较高的性能，再进行自群繁殖。通过此法可以有效地改造低产鹅种。

② 导入杂交：在原有种群的局部范围内引入不高于25%的外来品种血液。方法是用导入品种的公鹅与原来品种的母鹅杂交一次，再从杂交一代中选择理想的个体与原来品种回交，产生含25%导入品种血液的杂种，然后进行自群繁育。应用此法，可在保持原有种群特性的基础上克服个别缺点。

③ 育成杂交：用两个或两个以上的种群相互杂交，在杂种后代中选优固定，育成具有几个种群优点的新品种。

三、配种技术

1. 自然交配

（1）直接配种 直接配种分为大群配种和小群配种。大群配种是把一定数量的母鹅按比例与一定数量的公鹅养在一起，让其自由交配，这样管理方便，适于生产场采用。

小群配种是按公母适当比例，仅用1只公鹅与一小群母鹅养在单间鹅舍和运动场内，种蛋需要用铅笔记上公鹅编号，出壳前入格单孵，雏鹅出壳编号。此法适于育种场采用。

（2）辅配 用手握住母鹅两腿，引诱公鹅接近母鹅，公鹅踏上母鹅背部，交配完成后放开母鹅。几次后，公鹅看到人捉母鹅，就会主动接近交配。

2. 人工授精

（1）人工授精的意义

1）提高了公鹅的配种能力，所配母鹅数可比自然交配高5～6倍。

2）公鹅可以优中选优，提高质量，节省了种鹅的饲养成本。

3）避免生殖系统传染病，提高种蛋受精率和孵化率。

4）克服公、母鹅因大小悬殊而难以配种。

（2）采精前的准备工作

1）调教种公鹅，即建立条件反射，一般要进行5～10天的按摩训练才能建立。

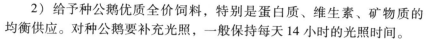

2）给予种公鹅优质全价饲料，特别是蛋白质、维生素、矿物质的均衡供应。对种公鹅要补充光照，一般保持每天 14 小时的光照时间。

3）采精前 1 个月要将种公鹅隔离饲养。据试验，若单个笼养种公鹅，不仅容易调教，而且精液品质更好。

4）采精器械要消毒，烘干备用。主要器械有集精杯、贮存精液用的 5～10 毫升刻度吸管、输精用的 0.05～0.5 毫升刻度吸管。

5）采精前要将种公鹅泄殖腔周围的羽毛剪去，并进行消毒。

（3）采精方法　采精方法包括按摩法、电刺激法、台鹅法等，其中以按摩法为常用。

按摩法以背腹式效果最好。采精员将种公鹅放于膝上，种公鹅的头伸向采精员的左臂下，采精员左手掌心向下，大拇指和其余四指分开，稍弯曲，手掌面紧贴公鹅背腰部，从翅膀基部向尾部方向有节奏地反复按摩，同时用右手拇指和食指有节奏地按摩腹部后面的柔软部，一般按摩 8～10 秒。当种公鹅的阴茎即将勃起的瞬间，正进行按摩着的左手拇指和食指稍向泄殖腔背侧移动，在泄殖腔上部轻轻挤压，阴茎即会勃起伸出，射精沟闭锁安全，精液会沿着射精沟从阴茎顶端快速射出，用集精杯接入，即可收集到洁净的精液。熟练的采精员操作过程用时 20～30 秒，并可单人进行操作。

采精时要防止粪便污染精液，故采精前 4 小时应停水停料，集精杯勿太靠近泄殖腔，采精宜在上午放水前进行。采精的次数，原则上可连续采精 3 天，每天 1 次，然后休息 1 天。

（4）精液品质检查

1）外观检查。正常精液为乳白色。如果精液中混入了血液则呈粉红色，被粪便污染则呈黄褐色，有尿酸盐混入时呈粉白色棉絮状块。过量的透明液混入，则见有水渍状。凡被污染的精液，精子会发生凝集和变形，品质下降，受精率不高。

2）精液量检查。种公鹅平均射精量为 0.3 毫升，国外大型鹅种，有的射精量可达 1.2 毫升。

3）活力检查。通过显微镜检查做直线运动的精子数所占的比例，满分为 10 分，国内鹅种精子的活力应在 5 分以上，引进的国外鹅种应在 4 分以上。精子活力越强，受精率越高。

4）密度检查。可通过红细胞计数法进行密度测定。原则上每毫升精液中精子数达 3 亿个就算合格，低于 3 亿个不宜使用。精子密度越大，受精率越高。

下面介绍精子密度估测法 在显微镜下观察，可根据精子密度分为密、中等、稀3种情况，如图2-1所示。

密是指在整个视野里布满精子，精子间几乎无空隙，每毫升精液有6亿～10亿个精子；中等是指在整个视野里精子间距离明显，每毫升精液有4亿～6亿个精子；稀是指在整个视野里，精子间有很大的空隙，每毫升精液有3亿个以下的精子。

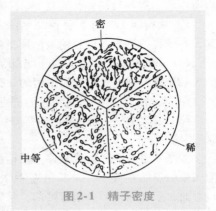

图2-1 精子密度

（5）精液的稀释和保存

1）精液稀释液的常见种类：

① 1%氯化钠溶液。氯化钠1克，蒸馏水100毫升。

② 葡萄糖液。葡萄糖5克，蒸馏水100毫升。

③ 葡萄糖卵黄液。葡萄糖4克，卵黄1.5毫升，蒸馏水100毫升。

④ LaKe液。果糖1.00克，谷氨酸钠（H_2O）1.92克，氯化镁（$6H_2O$）0.068克，醋酸钠（$3H_2O$）0.875克，柠檬酸钾0.128克，蒸馏水100毫升。

2）稀释液的配制。根据配方，将药品溶于100毫升的蒸馏水中，过滤，煮沸消毒30分钟。冷却后添加青霉素5万国际单位或链霉素5毫克。注意卵黄应在冷却后加入。

3）稀释倍数。以1:（1～2）为宜。

4）精液保存。常规做法是稀释后30分钟内输精完毕，受精效果较好。若需低温保存可置于2～5℃温度下保存。

方法是：将采得的精液以1:3的比例稀释，放置5℃以下冷却2分钟，加入8%甘油或4%二甲基亚砜（DMSO），在5℃平衡10分钟，然后用固体二氧化碳（干冰）或液态氮气（液氮）进行颗粒或安瓿制作保存。冷冻后置于-196℃的液氮罐中。

（6）输精方法 常用的输精方法是直接插入输精法。助手用两手抓住母鹅胸部，尾部向外固定在输精台上。输精员面向母鹅尾部，用生理盐水擦拭肛门，然后左手将尾巴拨向一边，手指紧靠泄殖腔下缘，轻轻向下压迫，使泄殖腔翻开。同时右手将盛有精液的输精器插入泄殖腔后，向左下方缓缓推进 5 ~ 7 厘米的深度，使输精器自然插入阴道口内。此时，输精员左手放松，稳住输精器，右手输入精液。片刻后，拔出输精器，在母鹅的背部按摩几下，输精过程结束。

给母鹅输精，5 ~ 6 天进行 1 次，每天选择 9：00 ~ 10：00 较好。每只每次输精量 0.05 ~ 0.1 毫升。

第二节 鹅的孵化

一、种蛋的选择、保存和消毒

1. 种蛋的选择

（1）种蛋要选自健康的高产鹅群 品种要优良，最好选产蛋在一年以上，公母配偶比例适当的鹅群中母鹅所产的蛋作为种蛋。

（2）种蛋要新鲜、清洁 一般常温保存期不超过 7 天，天热时最多保存 5 天，天冷时也不宜超过 14 天。种蛋贮存过久会导致孵化期延长，孵化率下降，孵出雏鹅的质量不好，成活率低。如果蛋壳发亮，产生斑点，气室变大，都说明是陈蛋，不宜用于孵化。

（3）种蛋的形状、大小要合适 种蛋的正常形状为卵圆形，过长、过圆及腰鼓形、锤把形等畸形蛋不宜孵化。蛋过大时常常出雏困难，孵化率也低。

（4）种蛋壳质及色泽要好 蛋壳太厚的"钢皮蛋"，因雏鹅破壳困难而使孵化率降低；蛋壳太薄或壳面粗糙的"沙皮蛋"，因蛋内水分易蒸发，蛋易破碎而使孵化失败。所以，选择种蛋时要剔除薄壳、响壳（厚壳）、沙皮、皱壳等劣质蛋。破壳蛋更不能用于孵化。种蛋表面要清洁干净，不能粘有粪便、污泥、垫料等，否则会堵塞蛋壳气孔，并且使致病菌侵入，影响胚胎正常发育。

2. 种蛋的保存

种蛋保存时，一律将种蛋小端朝上放，使蛋黄位于蛋的中心位置，防止胚盘粘连。为保证种蛋有好的孵化效果，种蛋保存温度应控制在 10 ~ 15℃。家禽胚胎发育的临界温度是 23.9℃，高于这一温度，胚胎开始发育，易于孵化中途死亡。保存种蛋的蛋库，湿度应稍高些，一般相对湿度应为 70% ~ 80%。室内注意保持良好通风，清洁而无特殊气味。

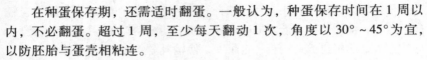

在种蛋保存期，还需适时翻蛋。一般认为，种蛋保存时间在 1 周以内，不必翻蛋。超过 1 周，至少每天翻动 1 次，角度以 30°~45° 为宜，以防胚胎与蛋壳相粘连。

3. 种蛋的消毒

种蛋消毒可杀死蛋壳上附着的细菌，防止细菌侵入蛋内杀死鹅胚。

（1）熏蒸法 按每立方米容积计算，用福尔马林（含甲醛 40%）30 毫升、高锰酸钾 15 克密闭 20~30 分钟。温度在 24~27℃、相对湿度为 75%~80% 的条件下熏蒸消毒的效果较好。熏蒸时应先将称好的高锰酸钾倒入比消毒药容量大 10 倍的陶瓷容器内（以防止福尔马林在沸腾时溢出），然后将适量的福尔马林倒入容器内，即可释放出甲醛蒸气熏蒸消毒。消毒完毕后应打开密闭室（或机具）的门窗，将残余气体排出。

（2）紫外线照射法 把种蛋放置于紫外线灯下 40~80 厘米处，照射 10~20 分钟，提高孵化率的效果十分显著。

（3）高锰酸钾溶液浸泡法 在 0.5% 高锰酸钾的温水溶液中洗涤脏蛋，晾干后立即入孵。用此法消毒要注意勤换消毒药液（浸洗 500 个蛋换一次药液）。

（4）喷雾法 此法指的是把种蛋置于蛋架上，用喷雾器将消毒药液喷在蛋壳上进行消毒。常用的消毒液是 1:1000 的新洁尔灭溶液。若原液为 5%，则只需用 40℃ 温水 50 倍稀释即可。

（5）农福液消毒法 农福 250 是专用于种蛋的消毒剂，是国际上公认的优质产品，用 1:1000 比例喷雾消毒，效果良好，并且对机器没有腐蚀作用。

二、鹅的胚胎发育

鹅的胚胎发育可划分为两个阶段，即在母体内蛋形成过程中的胚胎发育和孵化过程中的胚胎发育。胚胎在孵化过程中的发育需要 30 天。鹅蛋在孵化过程中胚胎发育的外部特征见表 2-1。

表 2-1　鹅蛋在孵化过程中胚胎发育的外部特征

特　征	胚龄/天
血管出现，心脏开始跳动	2
羊膜覆盖头部	3
眼的色素开始沉着	5
四肢的原基出现	5
用肉眼能明显地看出尿囊	5

（续）

特　　征	胚龄/天
口腔出现	8
背部出现绒毛	12
喙部形成	14
尿囊在蛋的尖端合拢	14
绒毛覆盖头部，眼睑达瞳孔	15
胚胎全身覆盖绒毛	18
眼睑合闭	22～23
蛋白全部用完	23～24
蛋黄开始向腹内吸收，开始睁眼	25～26
颈部压近气室呈波浪状，眼已睁开	27
开始啄壳	27.5～28
蛋黄吸入腹内，开始出雏	28
大批出雏	29～30
出雏完毕	30～31

三、孵化方法

1. 自然孵化

（1）抱孵用具及地点　通常可用适当大小的木箱、盆或筐等，垫以干燥清洁、9～15 厘米长的麦秸或稻草，使其周围高中间低。在空气流通、干燥凉爽、光线较暗而安静，并且没有猫、狗、老鼠或其他动物干扰的地方孵化。

（2）孵化管理　一般每只母鹅每次可抱孵 8～12 枚蛋。通常母鹅1～2天在中午放出，进行采食、放水、排粪和运动。此时孵化前期的蛋应用棉絮或稻草等盖好。天冷时放出 10～15 分钟，天热时可延长到 20 分钟。

大批孵化时，需要准备一空巢，将第一批、第一个就巢的母鹅放入空巢，然后进行翻蛋，再将第二个巢的母鹅放入第一个巢内，翻第二巢蛋。如此顺序翻蛋至结束时，将最先放在空巢的母鹅移至最后一个巢内进行孵化。在翻蛋的同时，必须整理巢内的垫草，凡是被粪便污染的垫草，必须及时更换。孵化第 7 天、第 15 天和第 27 天时各照蛋 1 次，及时剔除无精蛋和死胚蛋。照蛋后要及时并巢，多余的母鹅可以入孵新蛋，或者催醒产蛋。

胚胎发育正常的在孵化第 28 天啄壳，30.5 天出雏。

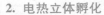

2. 电热立体孵化

在电源有保证的地方，用电热立体孵化器孵化，省工省事，孵化成本低，适于大规模生产。现代电热立体孵化器设备先进，能够自动调温、调湿和翻蛋。只要将消毒种蛋码盘预热后，即可装机入孵。但是，码盘时需注意放置方法。据广东省博罗县畜牧局林宗周试验，用1875枚种蛋分2组，一组平放码盘，另一组竖放码盘，结果平放组与竖放组的孵化率分别为74.6%和65.7%，说明鹅蛋孵化时平放比竖放的孵化率高。

（1）孵化机的选择 孵化机的种类很多，按外形分，有箱式、柜式和厅式；按控制程度分，有机械式、自动式和手动式；按箱体结构分，有木结构式、铁木结构式和金属结构式；按孵化量分，一般按所孵鹅蛋数来分，如3000枚以下的为小型孵化机，10000枚以上的为大型孵化机，介于两者之间的为中型孵化机。

现在国内外孵化机的发展趋势是：箱体内整体式向拼装式发展，便于拆装运输；箱体结构由木结构向金属结构发展，不易变形裂翘；蛋架由架式向车式发展，操作方便；控制系统由机械式向自动式发展，控制精度较高；孵化量由小、中型向大型发展，能提高劳动生产率。

（2）孵化机的构造 孵化机的基本结构由箱体、热源、温度调节系统、湿度装置、蛋架或蛋车、翻蛋装置、匀热电扇和出雏机（器）组成。需注意的是，因鹅蛋较大，孵鹅蛋时要用专用的孵蛋盘。

（3）孵化前的准备 在入孵之前，孵化器要进行严格消毒，安置平稳；要先进行预热工作，检查各部位有无损坏；温度要进行校验，孵化器要保持38.5℃，恒定1～2天后方能放蛋入孵。孵化室内的温度为20～22℃，相对湿度为60%～75%，不够时要注意调节。

（4）孵化制度 根据客观情况，正确合理地配合孵化条件，称为孵化制度。孵化制度要按孵化器的构造和外界环境等不同条件而异。立体孵化器的孵化量较大，一般都是分批入蛋，循环式孵化，在同一孵化器内有发育不同的蛋，所以温度和湿度在整个孵化过程中都一样。

1）温度。人工孵化温度随孵化器的类型和供热方式不同而异，范围为37～37.5℃。立体孵化器由于电扇或打风器之故，孵化蛋感温一致，所以孵化温度稍低些，在实践中常用37.8℃。

2）湿度。平常保持在50%～55%，出雏时为65%～70%。

3）通气。通气孔应维持一定的大小，视孵化器的构造和入蛋数而定，禁止使用单换气（进气孔或排气孔单独换气）。

4）转蛋。每天定期进行 20 次。

5）凉蛋。凉蛋时要直接打开机门，停止供热，让较凉的空气进入。凉蛋一般均在孵化 1 周后开始，直到出雏时为止。平常每天凉蛋 1 次，从第 17 天起可增至每天 2～3 次。此外，孵化中后期还需喷水加湿和降温，以提高鹅蛋的孵化率。

（5）出雏时期的孵化制度　当孵化至第 28 天时，蛋由孵蛋盘移至出雏盘，这叫作落盘。

发育良好的胚鹅特征是啄壳力最强，气室界线曲折，能听见胚鹅叫声，嘴已顶出蛋壳等。将此特征者分一类，这类蛋出雏早，胚鹅健壮，宜做种用。

（6）出雏　无论用哪种方法孵化，应及时将毛干的雏鹅取出，以免温度高而造成雏鹅脱水；还可防止胎毛被雏鹅吸入，堵塞呼吸道而猝死。同时，拣出蛋壳，收拢胚蛋，以利于保温。一般每 4 小时拣 1 次雏。拣雏动作要求轻、快，可将绒毛已干的雏鹅迅速拣出，再将空蛋壳拣出，以防蛋壳套在其他胚蛋上使胚胎闷死。少数弱胚自己出壳困难，可人工助产。拣雏时，不要同时打开前后机门，以免出雏机（器）内温度、湿度下降过快，影响出雏。出雏结束后，对出雏机（器）进行清扫、冲洗、消毒。

（7）停电须知　大型孵化厂均应自设发电机，以便停电时能及时自己发电，防止损失。

停电时需采取的措施如下：

1）在确知停电以前，首先要做好室内的保温工作，冬季和早春应将室内温度提高到 25℃（77℉）以上。

2）停电后紧急拉掉车间总电闸，关闭各机的电源开关。

3）停电后将孵化器上下气孔完全开启（机内只孵一期蛋，发育不到 10 天，可以关闭气孔，以维持机温）。

4）由于机内风摆静止，机内温度上高下低，故每隔 5～20 分钟要倒闸 1 次，以调节机内上下蛋盘（即卵盘）的温度。

5）发育到 27 天以后的热胚，如出雏盘空闲，应提前落盘，或者撤至机外凉蛋，以免因蛋的自温而造成自烧。

6）停电时间长久，应每隔 2～3 小时将前后机门半开或大开，手搬风摆，驱散机内的积温 3～5 分钟或 5～10 分钟。

四、孵化蛋的生物学检查

检查方法主要是照蛋，即通过灯光透视胚胎发育情况，以便及时剔除无精蛋和死胚蛋。检查时通常采用照蛋器（图 2-2），照蛋器可自制，也可购买。

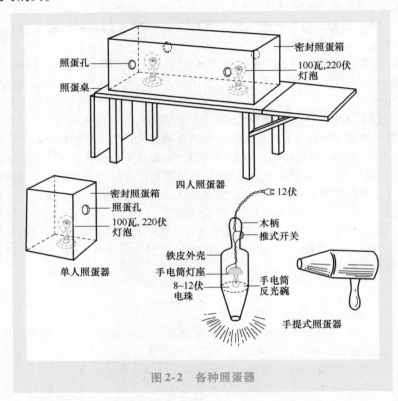

四人照蛋器

密封照蛋箱

照蛋孔

100瓦,220伏灯泡

照蛋桌

密封照蛋箱

照蛋孔

100瓦,220伏灯泡

单人照蛋器

12伏

木柄

推式开关

铁皮外壳

手电筒灯座

8~12伏电珠

手电筒反光碗

手提式照蛋器

图 2-2　各种照蛋器

整个孵化过程中约需照蛋 3 次，分别在第 7 天、第 15 天和第 24 天进行。

第一次照蛋（头照）在孵化第 7 天进行。活的胚胎则时刻在活动，其气室边缘界线清楚，发育的胚胎和血管组成的形状似一只蚊子，称为"蚊虫珠"。头照死胚的主要特征是血管呈环状或弓状，有时散黄。而无精蛋由于没有胚胎发育，只能隐约看到蛋黄的影子（图 2-3）。

第二次照蛋（二照）在孵化第 15 天进行。这个阶段的活胚蛋气室增大，边缘界线更清楚明显，胚胎增大，尿囊血管明显，从蛋的背面可见到尿囊向蛋的尖端"合拢"。死胚蛋的主要特征是气室界线较为模糊，胚蛋颜色较亮，胚胎呈黑团状等。

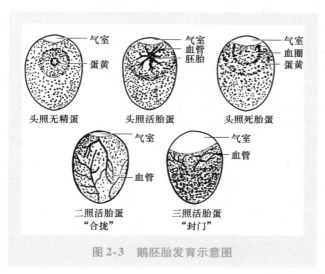

图 2-3　鹅胚胎发育示意图

第三次照蛋（三照）在孵化第 24 天进行。这时活胚蛋的气室显著增大，边缘的界线更为明显，除可见到粗大的血管外，全部发暗，蛋的小头无发亮透光部分，称为"封门"。而死胚蛋的气室界线不明显，发黄，血管也模糊不清。

五、死胚蛋的剖检和死亡曲线分析

1. 死胚蛋的剖检

剖检死胚蛋，能观察胚胎发育情况，进行诊断，查明死亡原因。诊断方法：随意取 50 个死胚蛋煮熟后剥壳观察，大体有以下几种情况：

1）部分蛋壳被蛋白粘住，表明尿囊没有合拢（凡是不合拢的部位，蛋壳必然被蛋白粘住），说明胚胎发育不正常而引起后期吸收不良。这是孵化前期在孵化机里胚龄 18 天前出现的毛病。

2）蛋壳整个都能剥落，表明尿囊合拢良好，是后期的毛病。

3）死胚浑身裹蛋白，是在 18～22 天时出的毛病，因为 25 天左右的胚龄时，其蛋白应全部吞完。

4）死胚身上已无蛋白，是 25 天到出壳期间温度掌握不当，特别是温度偏高产生的毛病。

5）出雏时温度偏高，常出现"血嘌"（啄壳部位瘀血，是由于鹅胚受热而啄破尚未完全枯萎的尿囊血管出血所致）、"钉脐"（肚脐有黑血块，因鹅胚受热而提前出壳，尚未枯萎的尿囊血管的血瘀在肚脐处）、"穿嘌"（挣扎呼吸，喙部凸出）、"拖黄"（肚脐处拖有尚未完全进入腹中的卵黄）、"吐黄"（啄壳部位破裂的卵黄囊中的卵黄往外淌，雏鹅挣扎而弄破卵黄囊所致）。

6）蛋白吸收不良的死胚蛋，都有"裹白"、"吐清"（啄壳部位没吸收完的蛋白往外淌）、"胶毛"（出壳雏鹅的绒毛被蛋白粘连）等现象。

2. 死亡曲线分析

鹅蛋孵化正常时，其胚胎发育过程中有 2 个死亡高峰期：第一个高峰是在孵化第 7 天左右，第二个高峰是在孵化的 25～28 日龄。

鹅蛋通常按入孵蛋计算其孵化率，在 85% 左右，无精蛋数量不超过 4%～5%，头照的死胚蛋占 2%，8～17 日龄的死胚蛋占 2%～3%，18 日龄以后的死胚蛋占 6%～7%，后期死胚率约为前、中期的总和。这是正常死胚的分布情况，为了便于检查对照，可将在孵化过程中的死胚率绘成死亡曲线图。

死亡曲线的分析：如果死亡曲线分布异常，如孵化初期死亡率过高，原因多半是种蛋保存得不好，配偶比例不合适，孵化温度过高或过低，翻蛋不足及种鹅患病等；孵化中期死亡率高，原因往往是种鹅饲养不良，胚胎的营养不足，种蛋中维生素和微量元素缺乏，温度不当和种蛋带有病原体；孵化末期死亡率过高，原因可能是孵化条件不良，啄壳未出的死胎蛋较多。如果在孵化过程中某一天死胚数量增多，原因很可能是突然超温或低温所造成的。

第三章 饲料与营养

第一节 鹅的饲料种类

一、青绿饲料

青绿饲料是指天然含水量大于 60% 的饲料。一般以新鲜植物的茎叶作为饲料，包括各种蔬菜、天然牧草、人工栽培牧草、水生植物、嫩枝树叶等，具有养分全面、来源广泛、消化容易、成本低廉的优点，是目前最主要、最经济的鹅饲料。

青绿饲料的营养特点是含水量高、能量低，一般含水量为 75%～90%；粗蛋白质相对含量按干物质计算，占 20% 左右，相当于玉米籽实中粗蛋白质含量的 2.5 倍，而且氨基酸比较全面，生物学价值高；维生素来源丰富，幼嫩多汁，纤维素少，适口性好。此外，青绿饲料的季节性强。

青绿饲料的利用方式有放牧和青刈两种，放牧是牧区的主要利用方式，青刈适于人工栽培牧草及饲用作物。无论放牧或青刈都必须注意做到青绿饲料轮供，在青绿饲料生产旺季应注意加工贮藏，不致因生产过剩而造成浪费，或因青绿饲料缺乏而影响生产。

无论用野生的青绿饲料还是用人工栽培的青绿饲料，饲用时都应注意以下几点：

1）青绿饲料要现采现喂，不可堆积过夜，以防堆放过久产生亚硝酸盐，引起鹅只中毒。

2）不能在刚喷洒过农药的菜地、草地采集青菜、牧草或放牧，以防中毒。

3）含草酸多的青菜不可多喂。菠菜、莙达菜、糖甜菜叶等含草酸多，可引起雏鹅佝偻病或瘫痪，母鹅产薄壳蛋或软蛋。

4）某些含皂素多的豆科牧草喂量不可过多，因为皂素过多能抑制雏鹅生长。例如，有些苜蓿品种皂素含量高达2%。因此，不宜单纯放牧青苜蓿或以青苜蓿作为唯一的青绿饲料。

5）长期使用水生饲料，鹅易感染寄生虫病，要定期驱虫。

二、粗饲料

粗饲料是指粗纤维含量在18%以上的饲料，主要包括干草粉、秕壳类、树叶类等。粗饲料来源广泛，成本低廉，粗纤维含量高，不容易消化，蛋白质和维生素含量低。

但豆科牧草，如苜蓿、三叶草等，在风干后经粉碎机磨成粉状，是鹅冬季粗蛋白质、维生素和钙的重要来源，营养价值也较高。

干草粉在日粮中的添加比例通常为20%左右，与其他饲料搭配饲喂，既能降低饲料成本，又不影响鹅对其他养分的消化吸收。粗饲料要防止腐烂发霉和混入杂质。

三、能量饲料

能量饲料是指饲料干物质中粗纤维含量在18%以下、粗蛋白质含量在20%以下的饲料，包括谷实类、糠麸类、块根块茎和瓜类。能量饲料在日粮中可占50%~60%，是日粮的主要组成部分。但营养物质不平衡，单一使用效果不佳。

1. 谷实类

谷实类包括玉米、稻谷、小麦、大麦、碎米等，碳水化合物的含量在70%以上，粗蛋白质含量为8%~12%，粗脂肪含量为2%~6%，矿物质含量为1.5%~1.6%。谷实类饲料中氨基酸组成不全面，赖氨酸不足，尤其玉米中色氨酸含量低，麦类中苏氨酸含量低，必须与蛋白质饲料配合使用。

（1）玉米 玉米是最常用的饲料，含丰富的碳水化合物，粗纤维少，胡萝卜素和叶黄素多，适口性好。玉米的品质受贮存期和贮存条件影响大，避免使用受霉菌污染或酸败的玉米。

（2）稻谷 稻谷适口性好，粗纤维较高，是我国水稻产区常用的养鹅饲料。

（3）大麦 大麦适口性好，但皮壳粗硬，宜破碎或发芽后饲喂。据报道，饲用复合酶制剂可提高大麦的代谢能值及营养物质的消化率。在俄罗斯及东欧一些国家，常将发芽的大麦作为种鹅冬季及早春的维生素饲料。

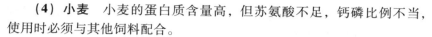

（4）小麦 小麦的蛋白质含量高，但苏氨酸不足，钙磷比例不当，使用时必须与其他饲料配合。

2. 糠麸类

糠麸类包括米糠和麸皮等。蛋白质含量在 15% 左右，能量价值偏低，粗纤维含量高，用量不宜过多。

（1）麸皮 麸皮是小麦加工的副产品，适口性好，能量低，粗纤维含量高，磷多钙少，有轻泻作用，喂量不要超过日粮总量的 10%～20%。

（2）米糠 米糠是稻谷加工的副产品，因含油量高达 14% 而容易酸败。此外，米糠的纤维素含量高，使用不宜多，一般用量为 5%～10%。

3. 块根块茎和瓜类

块根块茎和瓜类包括胡萝卜、甘薯、马铃薯、饲用甜菜、芜菁甘蓝、菊芋块茎、南瓜等。这类饲料产量高，淀粉含量高，适口性好，可切碎生喂或熟后拌料喂。因马铃薯发芽后有毒性，故宜去芽后饲喂。新鲜的块根块茎和瓜类含水量高，含水量为 75%～90%。

四、蛋白质饲料

蛋白质饲料是指纯干物质中粗纤维含量在 18% 以下、粗蛋白质含量在 20% 及以上的饲料。蛋白质饲料因来源不同分为植物性蛋白质饲料和动物性蛋白质饲料。而动物性蛋白质饲料成本高，所以生产中较少使用。

1. 植物性蛋白质饲料

植物性蛋白质饲料包括豆类和饼粕类。饼粕类饲料有大豆饼粕、棉籽饼粕、菜籽饼、花生饼等。由于原料和加工方法不同，营养价值差异很大。饼粕类饲料饲喂前应当粉碎，棉籽饼和菜籽饼中含有棉酚或硫葡萄糖苷，应限量或脱毒后使用。

（1）大豆饼粕 豆饼是大豆压榨提油后的副产品，而采用浸提法提油后的加工副产品称为豆粕。大豆饼的蛋白质含量为 40%～45%，但在生大豆粉中含有抗胰蛋白酶、皂素等有害物质，使用前需经适当的热处理。可用 3 分钟 110℃ 热处理。用量可占鹅日粮的 10%～25%。其蛋白质中除含硫氨基酸（特别是甲硫氨酸）稍不足外，其他必需氨基酸的含量较为均衡。大豆饼有促进雏鹅生长发育、母鹅产蛋和提高受精种蛋孵化率的作用。

（2）棉籽饼粕 脱壳的棉仁所制成的饼粕，蛋白质含量达 41%。其氨基酸组成特点是赖氨酸不足，精氨酸过高。棉籽饼含有棉酚毒，是一种危害血细胞和神经的毒素，对鹅体组织和代谢有破坏作用，需去毒处理后使用，用量控制在日粮的5%以下。

棉酚去毒的常用方法：

①粉碎后加入0.5%硫酸亚铁浸泡，使棉酚与铁结合而去毒。此法可脱毒90%左右。

②加入12%~18%的水，100℃以上高温加热处理棉籽，可去除游离棉酚，但会破坏氨基酸。

③用混合溶剂浸提棉籽。己烷、丙酮、水的比例为44∶53∶4。此法不降低蛋白质的营养价值，游离棉酚的含量低于0.02%，但溶剂回收困难。

（3）菜籽饼 蛋白质含量达37%左右，但能值偏低，营养价值不如豆饼。菜籽饼有辛辣味，适口性不好，需进行浸泡加热，或者与其他饼粕类搭配使用。菜籽饼含有芥酸、单宁等抗营养因子，过多饲喂会损害甲状腺、肝脏和肾脏，用量占5%。

（4）花生饼 蛋白质含量达40%。适口性好，有香味。但含有抗胰蛋白酶因子，可用120℃的温度加热破坏。含脂肪高，易感染黄曲霉素，不宜久存。用量占日粮的5%~10%。

2. 动物性蛋白质饲料

动物性蛋白质饲料主要有鱼粉、肉骨粉、羽毛粉等，蛋白质含量达40%，富含氨基酸、钙和磷。

（1）鱼粉、肉骨粉 粗蛋白质含量达45%，氨基酸含量高，但来源少，价格较贵。使用时要防止沙门氏菌污染。

（2）羽毛粉、血粉 蛋白质含量较高，但适口性差，不易消化。

（3）其他动物性蛋白质饲料 例如，蚕蛹、河蚌、螺蛳、蚯蚓及动物下脚料，蛋白质含量较高，在喂前应充分煮熟，防止腐败。

五、矿物质饲料

矿物质饲料是指专为提供矿物元素的一种饲料，主要有贝壳粉、骨粉、石灰石粉、食盐、沙砾等。食盐是鹅必需的矿物质饲料，用量占日粮的0.3%左右，在生产鹅肥肝时，食盐含量以1.0%~1.6%为宜。贝壳粉、蛋壳粉、磷酸氢钙和磷酸钙是优良的钙磷补充饲料。

沙砾并没有营养作用，但有助于鹅的肌胃磨碎饲料，提高消化率。放牧鹅群随时可以吃到沙砾，而舍饲的鹅群则应加以补充，可在鹅群舍内放置沙砾盆，让鹅自由采食，一般在鹅日粮中可添加0.5%～1%的沙砾，以绿豆大小为宜。

六、饲料添加剂

1. 营养性物质添加剂

营养性物质添加剂用于平衡日粮养分，增强和补充日粮营养，可分为3种：①氨基酸添加剂，主要有赖氨酸添加剂和甲硫氨酸添加剂两种。②微量元素添加剂，用于补充铁、铜、锌、锰等。宜选择硫酸盐类试剂，便于对甲硫氨酸的吸收利用。③维生素添加剂，如复合维生素，每100千克日粮中添加10克左右。

2. 非营养性物质添加剂

非营养性物质添加剂不是鹅必需的营养物质，但可以产生良好的效果。主要包括：①抗生素添加剂，如土霉素、泰乐菌素、喹乙醇、氯苯胍等，有预防疾病、促进生长的作用；②饲料保存添加剂，如乙氧喹、BHA（丁羟基茴香醚）和丙酸、丙酸钙等防霉剂；③其他添加剂，如食欲增进剂、中草药饲料添加剂等。

第二节　饲料的加工调制

一、粉碎

饼类饲料块大质硬，谷实类饲料有坚硬的外壳和表皮，以及粗饲料等，都不易被鹅消化吸收，必须经过粉碎或磨细后才能喂鹅。粉碎的粗细因鹅龄而异。喂大鹅的谷实类饲料可不粉碎。

二、切碎

青绿饲料在饲喂时应切碎，特别是饲喂雏鹅时还需切成丝状，否则难以啄食，造成浪费。

三、煮熟

凡是根块类饲料，如甘薯、马铃薯等要经切碎煮熟后再喂。这样可增强适口性，易消化。另外，用于鹅肥肝生产时的玉米不可粉碎，一定要通过蒸煮。

四、拌湿

用粉碎后干粉料直接喂鹅，适口性差，浪费也大，若把粉料加水适当拌湿后再喂鹅，可提高适口性和饲料利用率。

五、浸泡

较坚硬的谷粒和籽实，如小麦、玉米和小米等饲料，经浸泡后体积增大、柔软，鹅喜欢采食，也容易消化。例如，雏鹅开食用的小米或碎米，可先浸泡1小时左右再饲喂，这样有利于雏鹅开食和消化，但要注意浸泡的时间不能太长，以免引起饲料变质。

六、去毒

有些饲料含有使鹅中毒或不宜消化吸收的物质，经过加工处理后才能使用。例如，棉仁饼有游离棉酚，菜籽饼有芥酸和单宁，大豆含有皂素，都必须进行去毒。

第三节 鹅的饲养标准及日粮配合

一、饲养标准

为了维持鹅的正常生命活动和保持一定水平的生产，一个国家或地区经过长期科学试验，对不同品种、用途、年龄和生理状态下的鹅所需的各种营养物质的数量、比例规定一个标准，这个标准就叫作饲养标准。我国尚未制定全国统一的符合我国鹅种特点的饲养标准，因而在实践中，往往借鉴国外的饲养标准并根据我国鹅种特性进行调整。

现将法国的鹅营养推荐量（表3-1）及我国南方中型肉用仔鹅日粮配方（表3-2）等介绍如下。

表3-1　法国的鹅营养推荐量

营养成分	0~3周		4~6周		7~12周		种鹅	
代谢能/（兆焦/千克）	10.87	11.70	11.29	12.12	11.29	12.12	9.2	10.45
粗蛋白质（%）	15.8	17.0	11.6	12.5	10.2	11.0	13.0	14.8
赖氨酸（%）	0.89	0.95	0.56	0.60	0.47	0.50	0.58	0.66
甲硫氨酸（%）	0.40	0.42	0.29	0.31	0.25	0.27	0.23	0.26
含硫氨基酸（%）	0.79	0.85	0.56	0.60	0.48	0.52	0.42	0.47
色氨酸（%）	0.17	0.18	0.13	0.14	0.12	0.13	0.13	0.15
苏氨酸（%）	0.58	0.62	0.46	0.49	0.43	0.46	0.40	0.45
钙（%）	0.75	0.80	0.75	0.80	0.65	0.70	2.60	3.00

（续）

营养成分	0~3周		4~6周		7~12周		种鹅	
总磷（%）	0.67	0.70	0.62	0.65	0.57	0.60	0.56	0.60
有效磷（%）	0.42	0.45	0.37	0.40	0.32	0.35	0.32	0.36
钠（%）	0.14	0.15	0.14	0.15	0.14	0.15	0.12	0.14
氯（%）	0.13	0.14	0.13	0.14	0.13	0.14	0.12	0.14
产蛋初期							170	350
产蛋末期							150	300

表3-2 我国南方中型肉用仔鹅日粮配方

饲料	1~3周龄配方		4~7周龄配方		8~9周龄配方	
	I	II	I	II	I	II
玉米（%）	37	40	38	32	59	66
米粉（%）	15	17	17	24	12	21
麸皮（%）	14	15	24	22	2	2
茨粉（%）	8	9	10	9	1	1
豆饼（%）	17	10	9	2	9	1
鱼粉（%）	8	8	8	8	7.5	7.5
蚝壳粉（%）	1	1	2	2	1.5	1.5
合计	100	100	100	100	100	100

营养成分	1~3周龄配方		4~7周龄配方		8~9周龄配方	
	I	II	I	II	I	II
代谢能/（兆焦/千克）	11.393	11.397	10.680	10.680	12.333	12.329
粗蛋白质（%）	20.1	18	18.1	16.1	16	14
粗脂肪（%）	3.33	2.27	3.08	2.97	3.54	3.53
粗纤维（%）	4.10	4.60	4.90	5.20	3.77	3.94
钙（%）	0.54	0.52	1.29	1.26	1.57	1.52
磷（%）	0.41	0.39	0.65	0.61	0.26	0.43
赖氨酸（%）	0.92	0.77	0.78	0.65	0.64	0.53

（续）

营养成分	1~3周龄配方		4~7周龄配方		8~9周龄配方	
	Ⅰ	Ⅱ	Ⅰ	Ⅱ	Ⅰ	Ⅱ
甲硫氨酸（%）	0.30	0.27	0.27	0.25	0.23	0.23
胱氨酸（%）	0.33	0.28	0.27	0.25	0.22	0.19
色氨酸（%）	0.25	0.22	0.23	0.20	0.17	0.15

二、日粮配合

日粮是指一昼夜内一只鹅所采食的各种饲料总量。日粮配合就是根据饲养标准，按不同年龄、体重、生理状态对营养物质的需要数量，采用多种饲料搭配而成的配合饲料，也称为"平衡日粮"或"全价日粮"。

1. 日粮配合的基本原则

（1）选择合理的饲养标准 根据鹅的不同生长发育阶段、生长环境和鹅种特点等灵活调整，制定出适宜的营养需要量。

（2）选择相应的饲料原料 根据鹅的生理特点，发挥本地资源优势，尽量选择来源方便、价格低廉、营养丰富的饲料；饲料品质和适口性要好；饲料多样化，至少3种以上。

（3）日粮配合要保持相对稳定 配合饲料中各类饲料所占比例见表3-3。

表3-3 配合饲料中各类饲料所占比例

饲料种类	所占比例（%）
谷物饲料（2种以上）	45~70
糠麸类饲料	5~15
植物性蛋白质饲料（饼粕）	15~25
动物性蛋白质饲料	3~7
草粉	10~20
矿物质饲料	5~7
维生素添加剂等	1

2. 日粮配合的方法

目前生产上常用的有计算机法和试差法。

（1）计算机法 根据所选用饲料、鹅对各种营养物质的需要量及市

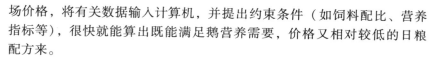

场价格，将有关数据输入计算机，并提出约束条件（如饲料配比、营养指标等），很快就能算出既能满足鹅营养需要，价格又相对较低的日粮配方来。

（2）试差法 此法是生产上普遍采用的方法。具体做法根据日粮设计方案、饲养标准，结合鹅的品种、年龄、生产性能、当地气候及以往的生产经验、饲料资源等，先粗略地拟订一个配方，计算各种营养成分含量，将所得结果与饲养标准相对照，按多退少补的原则反复核算，逐一调整，直到全部接近或符合标准为止。此法简单易学，学会就可逐步深入。现以雏鹅（0～3周龄）饲料配方为例介绍。

第一步：参考法国的鹅营养推荐量（表3-1）确定其营养需要。代谢能10.87～11.70兆焦/千克，粗蛋白质15.8%～17.0%，赖氨酸0.89%～0.95%，甲硫氨酸+胱氨酸0.79%～0.85%，钙0.75%～0.80%，总磷0.67%～0.70%，有效磷0.42%～0.45%，钠0.14%～0.15%，氯0.13%～0.14%。

第二步：选用饲料。所选饲料的成分及营养价值见表3-4。

表3-4 所选饲料的成分及营养价值

饲料	代谢能/（兆焦/千克）	粗蛋白质（%）	钙（%）	磷（%）	赖氨酸（%）	甲硫氨酸+胱氨酸（%）
玉米	14.04	8.6	0.04	0.21	0.24	0.32
麦麸	6.56	14.4	0.18	0.78	0.49	0.28
豆饼	11.04	43.0	0.32	0.5	2.24	0.75
鱼粉（进口）	12.12	60.5	3.91	2.90	3.90	1.62
骨粉			30.12	13.46		

第三步：试配饲料。初步确定比例，玉米54.0%，麸皮13.0%，豆饼26.4%，进口鱼粉3.0%，骨粉2.4%，食盐0.3%，添加剂0.5%，工业合成甲硫氨酸0.4%。

分别计算各种饲料中代谢能、粗蛋白质、钙、磷、赖氨酸和含硫氨基酸（甲硫氨酸+胱氨酸）的含量。用各种养分之和与饲养标准比较，先比较代谢能和粗蛋白质两项指标，看其与标准是否相符，若不符再做调整。

第四步：反复试算调整，直到符合标准为止（表3-5）。

表3-5　雏鹅饲料配方计算示例表

饲料类别及名称		配比(%)	代谢能(兆焦/千克)	粗蛋白质(%)	钙(%)	磷(%)	有效磷(%)	赖氨酸(%)	甲硫氨酸+胱氨酸(%)	钠(%)	氯(%)
能量饲料	玉米	54.0	14.04×0.54=7.58	8.6×0.54=4.64	0.04×0.54=0.02	0.21×0.54=0.11	0.21×0.54×0.3=0.03	0.24×0.54=0.13	0.32×0.54=0.17		
	麸皮	13.0	6.56×0.13=0.85	14.4×0.13=1.87	0.18×0.13=0.02	0.78×0.13=0.10	0.78×0.13×0.3=0.03	0.49×0.13=0.06	0.28×0.13=0.04		
蛋白质饲料	豆饼	26.4	11.04×0.264=2.91	43.0×0.264=11.35	0.32×0.264=0.08	0.50×0.264=0.13	0.5×0.264×0.3=0.04	2.24×0.264=0.59	0.75×0.264=0.20		
矿物质饲料	鱼粉	3.0	12.12×0.03=0.36	60.5×0.03=1.82	3.91×0.03=0.12	2.9×0.03=0.09	2.9×0.03=0.09	3.9×0.03=0.12	1.62×0.03=0.05		
	骨粉	2.4			30.12×0.024=0.72	13.46×0.024=0.32	13.46×0.024=0.32				
	食盐	0.3								39×0.003=0.12	60×0.003=0.18
添加剂饲料	预混料	0.5									
	甲硫氨酸	0.4							98.0×0.004=0.39		
合计		100	11.70	19.68	0.96	0.75	0.51	0.90	0.85	0.12	0.18
饲养标准			11.70	17.0	0.80	0.70	0.45	0.95	0.85	0.15	0.14
浮动数			0	+2.68	+0.16	+0.05	+0.06	-0.05	0	-0.03	+0.04

注：有效磷含量＝植物饲料的磷含量×0.3＋动物饲料含磷量＋矿物质饲料含磷量。

为方便养鹅实践，下面推荐一个鹅饲料配方，供参考（表3-6）。

表3-6 国内通用型鹅各日龄混合料的配合比例

饲料成分（%）	3～10日龄	11～30日龄	31～60日龄	61以上日龄
玉米、高粱、大麦	61	41	11	11
豆饼或其他饼类	15	15	15	15
糠麸	10	25	40	45
稗子、草籽、干草粉	5	5	20	25
动物性饲料	5	10	10	—
贝壳粉	2	2	2	2
食盐	1	1	1	1
砂粒	1	1	1	1
合计	100	100	100	100

第四节 鹅的青绿饲料生产

牧草是营养完善的天然全价饲料，也是最主要、最经济的饲料。饲料牧草是发展养鹅业的物质基础。没有充足的饲料牧草，就不会有高产优质与稳定发展的畜牧业和养鹅业。下面介绍适合养鹅的几种牧草，供各地养鹅生产参考应用。

一、豆科牧草

豆科牧草根系有根瘤，能固定空气中的氮素，其茎叶和籽实含有丰富的蛋白质，营养价值高，大部分适口性好，各种畜禽均喜采食，是最重要的栽培牧草。

（1）紫花苜蓿 紫花苜蓿属多年生草本植物，生长期达5～7年，被称为"牧草之王"。

紫花苜蓿适应性广、草质好（干物质中粗蛋白含量一般都在20%，最高可达26.1%）、产量高［年可刈割3～5次，鲜草产量达3500～5000千克/亩（1亩≈667米²），可晒制成干草粉1000～1500千克］，如与禾本科牧草混播，可割回切碎，在日粮中配合25%以上（苜蓿粉在日粮中的比例则不超过5%）饲喂，效果极佳。研究表明，每千克优质苜蓿草粉相当于0.5千克精料的营养价值，每千克初花期草相当于1千克麸皮的营养价值。

紫花苜蓿与冬麦、春麦、油菜等伴种作物混播，既利于苜蓿出苗，又可收获一茬伴生作物，一举两得。苜蓿地返青后或每次刈割后，都应及时追施磷、钾肥，中耕松土，清除杂草，促进再生。

（2）紫云英 紫云英产量高，盛花期收割，每公顷（1公顷＝10⁴米²）的产量为23~30吨，一年可收割2~3次。

茎叶鲜嫩多汁，鹅及各种畜禽均喜食。蛋白质含量丰富（盛花期粗蛋白质占干物质的25.28%），各种营养成分的消化率高。紫云英作为青绿饲料、青贮饲料或制成干粉，均是禽畜的好饲料。

二、禾本科牧草

禾本科牧草主要有黑麦草和无芒雀麦等。

（1）多年生黑麦草 多年生黑麦草是温带地区最重要的牧草，在长江流域的四川、贵州、湖南等省有大面积栽培，生长快、产量高、品质好、饲用价值高，与豆科牧草混播刈割后喂鹅较好。

多年生黑麦草分蘖力强，再生速度快，应注意适当施肥，以提高产量。夏季炎热天气，灌水可降低地温，有利于多年生黑麦草越夏。苗期应及时清除杂草；成熟后应及时采种，防止种子脱落。

（2）无芒雀麦 无芒雀麦适应性广、生命力强，属多年生草本植物。我国东北、华北、西北均有分布，青海、内蒙古、河北、山西等地有大面积栽培，南方高海拔草山及农区低湿地区也可种植。

无芒雀麦叶多茎少，适口性好，营养价值高。鲜草含干物质30%，粗蛋白质4.8%，粗纤维9%。其再生性强，耐践踏，生长2~3年长成草皮后耐牧性强，是很好的放牧型牧草。一般一年收割1~2次，制作干草，再生草供放牧用，利用率高。

三、叶菜类饲料

（1）苦荬菜 广东省称苦荬菜为"奶草"。我国南方各省都有较大面积的栽培。它是一种适应性强、产量高、营养好（含水量为85%的苦荬菜，粗蛋白质含量为4.0%，粗蛋白质与粗纤维的比值为2.67:1）、适口性极好的优质青绿饲料。苦荬菜的白色汁液看上去犹如乳汁，鹅、兔、猪等多种畜禽和鱼类都喜食。

苦荬菜生长快，再生力强，收割次数多，产量高，需肥量大，肥足才能高产。一般每公顷需施猪粪或厩肥37.5~75吨。每刈一次均要追施肥。春播的在 5 月上旬，株高 40～50 厘米时即可刈用；6～8 月生长特别旺盛，每隔 20～25 天即可刈 1 次；留茬 5～8 厘米，年刈 5～8 次。小面积栽培可剥大叶利用，留小叶继续生长。一般每公顷产草 75～112.5 吨，高者可达 750 吨。

（2）籽粒苋 籽粒苋又名千穗谷，是产量高、适口性好的优质青绿饲料，具有适应性广、管理方便、生长快、再生力强等优点，为夏季重要的饲料作物。现蕾期叶子的干物质中粗蛋白质占 23.7%，粗纤维占 11.7%，收获利用方法主要有间拔法、全拔法、刈割法 3 种。

第四章 鹅场的总体设计与建设

第一节 鹅场的总体设计

一、鹅场场址的选择

（1）临近水源 鹅场附近应有清净的水源，并以有沟、河、湖等流动水（以来往船只不多，水流缓慢为宜）最佳，或者可在附近建立供鹅游泳的渠道、大水槽或水池。

（2）水源充足，水质良好 水质必须抽样检查，每100毫升水中的大肠杆菌不能超过5000个。如果采用地下水，也需进行水质测定。

（3）场地高燥，排水良好 鹅场最好建在沙壤土而地势又比较高的地方，不但冲洗消毒后废水排出及时，并且雨后很快干燥，给管理活动带来便利。

（4）房舍朝向南或东南 根据我国所处的地理位置，夏天多东南风，冬天多西北风，因此，鹅舍宜面向南偏东 $10° \sim 15°$。

（5）电力供应充足，交通方便 大型鹅场还应自备发电设备，以便在停电时应急。

交通方便是鹅场建造前必须考虑的重要条件，场址要与物资集散地近些，与公路、铁路或水路相通，有利于产品和饲料的运输，降低成本。但要避开交通要道（公路），其距离不能少于300米，太近于防疫不利，太远又不方便。

（6）附近有足够的草源 鹅场附近最好有一定面积的草地（包括荒草地、河沟滩地、房前屋后、路边渠旁等的零星草地），还应注意分区轮牧。

（7）鹅场要求通信方便 鹅场内可通电话、传真及信息网络等。

二、鹅场的布局

鹅场场址选定后，应根据鹅场的任务、规模、饲养工艺要求、粪尿处理等，确定鹅场的总体布局。一般来说，一个大型的鹅场应包括行政区、生活区和生产区三大区域。

（1）行政区　行政区包括办公室、资料室、会议室、发电房、锅炉房、水塔和车库等。

（2）生活区　生活区主要有职工宿舍、饮食和其他生活服务设施和场所。

（3）生产区　生产区包括鹅舍（育雏舍、育肥舍和种鹅舍）、蛋库、孵化室、兽医室、更衣室（包括洗澡、消毒室）、处理病死鹅的焚尸炉及粪污处理池。此外，还应有饲料仓库（贮存库设置在生产区内，加工饲料间则应另设一个专业区）和产品库。

各区域之间应用围墙和绿化带严格分开，生活区、行政区要远离生产区，生产区要绝对隔离。生产区四周要有防疫沟，仅留两条通道：一是饲养员进雏鹅、饲料等正常工作的清洁道，物品一般只进不出；二是处理鹅粪和淘汰鹅群等的脏道，一般只出不进。两条通道不能交叉。

生产区内部设置安排顺序是：育雏舍在上风向，然后顺风向安排后备鹅舍和成年鹅舍。成年鹅中以种鹅为主，商品鹅舍在种鹅舍的后（北）面，种鹅舍要距离其他鹅舍300米以上。兽医室安排在鹅场的下风处。焚尸炉和粪污处理池设在最下风处。

实际工作中鹅场布置应遵循以下原则：①便于管理，有利于提高工作效率；②便于搞好预防卫生工作；③充分考虑饲养作业流程的合理性；④节约基建投资；⑤有利于鹅群的正常生活，避免大的应激、干扰对鹅群造成的影响；⑥在规划时要留有余地，要考虑今后的发展，此项在选址时就要考虑。

第二节　鹅舍的建筑

鹅舍的建筑设计要注意以下几个方面：

1）鹅虽是水禽，但栖息地忌潮湿，尤其是雏鹅，因此，鹅舍要选择向南或东南、场地比较高燥、排水良好的沙壤土地段，才便于防热、防寒、防潮。

2）鹅舍的基本要求是冬暖夏凉，空气流通，光线充足，便于饲养管理，容易消毒和经济耐用。

3）鹅舍建筑材料应就地取材，因陋就简，如南方竹棚，也可用泥砖或砖墙瓦顶结构，这种鹅舍坚固耐用。

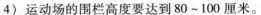

4）运动场的围栏高度要达到 80～100 厘米。

根据鹅场生产需要，鹅舍包括育雏舍、育肥舍、种鹅舍和孵化室，并且各有不同的建筑要求和条件。

一、育雏舍

20 日龄前的雏鹅体温调节能力较差，因此育雏舍要保暖性能良好，舍内干燥，空气流通。房舍不必太高，檐高 2 米即可，最好有顶棚，这样保温性能好些。采光面积要大些，窗与地面比为 1:（8～10），舍内地面应比舍外高 25～30 厘米。舍内可用黏土地面或砖头、水泥铺成，但要保持干燥。育雏室的大小视育雏数量而定，每平方米可饲养 20 日龄以内的雏鹅 4～5 只。育雏舍前设一喂料场，场地平坦而略向沟倾斜，以防雨天积水。喂料场与水面连接，斜坡长 3.5～5 米，倾斜度不能太大。所有窗子与下水道通外的口子要装上铁丝网，以防兽害。室内放置饮水器的地方要有排水沟，并盖上网板，雏鹅饮水时溅出的水可漏到排水沟中排出，确保室内干燥。为便于保温和管理，育雏室可隔成几个小间（图 4-1）。

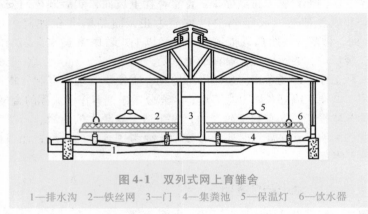

图 4-1　双列式网上育雏舍

1—排水沟　2—铁丝网　3—门　4—集粪池　5—保温灯　6—饮水器

二、育肥舍

仔鹅上市前需集中育肥一段时间，育肥舍除养育肥鹅外，也可用于饲养全舍饲肉鹅。育肥舍内设的棚架分单列式和双列式，在气温温和地区，四面用竹竿围成栏棚，高 64 厘米，每根竹竿间距 5.6～6 厘米，以利鹅伸出头来采食和饮水。双列式育肥棚可在鹅舍中间留出通道，两旁各设料槽和水槽。饲料槽上宽 30 厘米，底宽 24 厘米，高 23 厘米。水槽宽 20 厘米，高 12 厘米。育肥棚架离地面约 70 厘米以上，棚底用竹条编成，竹条间空隙为 2.5~3 厘米，以便漏粪。育肥棚分若干小栏，每小栏约 12 米²，可容中等体型育肥鹅 70~80 只。双列式育肥棚栏如图 4-2 所示。

图 4-2　双列式育肥棚栏

三、种鹅舍

每幢种鹅舍的容量以不超过 400 只为宜。种鹅舍檐高 1.8~2 米，窗与地面比例为 1:(10~12)，舍内地面比舍外高 10~15 厘米，每平方米可养 2~2.5 只大型种鹅或 3~3.5 只小型种鹅。一般生产用鹅场，在种鹅舍一角设产蛋间，用高 60 厘米竹条围成，设有 2~3 个小门，地面铺以木板，其上垫以柔软的稻草。种鹅舍内有陆地和水面运动场（图 4-3）。陆地运动场应栽树遮阴。

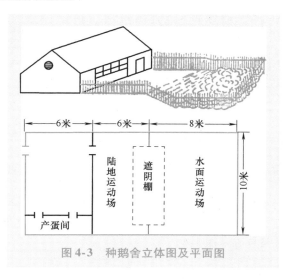

图 4-3　种鹅舍立体图及平面图

四、孵化室

孵化室要求冬暖夏凉，空气流通，保温。室内地面铺有水泥，比室外高 15～20 厘米，具有遮阴棚，以供雨天就巢母鹅活动与喂饲之用。人工孵化室的面积大小应根据孵化用的器具大小和数量定。

第三节　设备及用具

一、育雏设备

1. 加温育雏设备

多采用火炉及电力发热加温。此类设备种类很多，如煤炉、电热育雏伞、红外线灯、炕道和暖气管等，适用于寒冷季节大规模育雏，可以提高管理定额，但费用较高。

（1）煤炉　多用铁煤炉，安装用木板、纤维板或铁皮制成的保温伞，用烟囱将煤烟导出鹅舍，以防雏鹅煤气中毒（图 4-4）。

（2）电热育雏伞　用铁皮或纤维板制成伞状，伞内四壁安装电热丝作为热源（图 4-5）。有市售的，也可自制。一个铁皮罩，中央装上供热的电热丝和 2 个自动控制温度的胀缩饼装置，悬吊在距育雏地面50～80 厘米高的位置上，伞的四周可用 20 厘米高的围栏围起来，每个育雏伞下，可育雏 200～300 只，管理方便，节省人力，易保持舍内清洁。

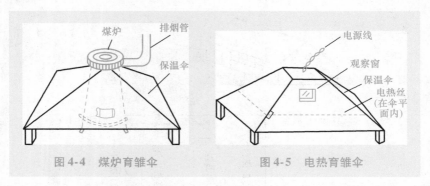

图 4-4　煤炉育雏伞　　　　　　　图 4-5　电热育雏伞

（3）红外线灯　红外线灯给温采用市售的 250 瓦红外线灯泡，悬吊在距育雏地面 50～80 厘米高度处，每 2 米^2 挂一个，不仅可以取暖，还可以杀菌，效果良好（图 4-6）。

（4）炕道　炕道育雏分地上炕道式与地下炕道式。由炉灶与火炕两部分组成，均用砖砌，大小长短和数量视育雏舍的大小和形式而定。地下炕道较地上炕道在饲养管理上方便。炕道育雏靠近炉灶一端温度较高，远端温度较低，育雏时视日龄大小适当分

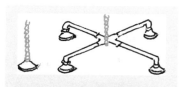

图 4-6　红外线保温灯示意图

栏安排。炕道育雏设备造价较高，燃料消耗较多，热源要专人管理。这种方法育雏的优点是能保持干燥，室内空气较好。

2. 自温育雏用具

自温育雏用具是我国农村群众常用的育雏方法，就是利用塑料薄膜、箩筐或芦席围子作为挡风保温设备，依靠鹅自身发出的热量相互取暖，有时还可通过增加或减少覆盖物来调节温度。此类用具简单而经济，但管理费工，适用于小规模育雏。

（1）箩筐　自温育雏箩筐分为两种，一是用竹片编织的两层套筐，由筐盖、小筐和大筐拼合为套筐。筐盖直径为 60 厘米，高 20 厘米，供保温和喂料用。大筐直径为 50～55 厘米，高 40～43 厘米，小筐的直径比大筐略小，高 18～20 厘米，套在大筐之内作为上层。大、小筐底铺垫草；筐壁四周用草纸或棉布保温。每层可放初生雏鹅 10 只左右，以后随日龄增大而酌情减少。这种箩筐还可供出雏和嘌蛋用。另一种是单层箩筐，筐底和周围用垫草保温，上覆筐盖或其他保温物。

（2）竹围栏　用大小长短不同的竹围，在育雏舍内围成若干小栏，每个小栏以容纳 10～12 只雏鹅为宜，以后随日龄增长而扩大面积或减少雏数。栏内铺上垫草，栏面架竹竿，上面盖以保温覆盖物。

二、食槽和饮水器

食槽和饮水器的形式繁多，其大小和高度根据鹅的品种、日龄而定，既要便于鹅的头与颈伸入槽器内采食或饮水，又要防止鹅踩踏和污染槽器内的饲料和饮水。食槽和饮水器可用木盘、瓦盆、铁皮槽和水泥槽等，周围用竹竿、铁条等编织构成（图 4-7）。40 日龄以上的鹅可不用这类

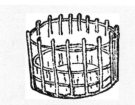

图 4-7　食盆围栏示意图

围栏。

雏鹅生长很快，食（水）盆每隔10～20天就要更换，雏鹅用的食（水）盆规格见表4-1。

表4-1　不同日龄狮头鹅、太湖鹅雏鹅食（水）盆规格

日龄	盆直径/厘米		盆高/厘米		竹条间距/厘米		饲喂数量/只	
	狮头鹅	太湖鹅	狮头鹅	太湖鹅	狮头鹅	太湖鹅	狮头鹅	太湖鹅
1～10	17	15	5	5	2.5～3	3	13～15	14～16
11～20	24	22	7	7	3.5～4	3.5	13～15	13～14
21～40	30	28	9	9	4.5～5	4.5	12～14	13～14

40日龄以后，随鹅龄增长，可用直径为45～60厘米，深12～20厘米，槽边距地面15～35厘米的食槽，常用食槽（盆）与饮水器如图4-8和图4-9所示。

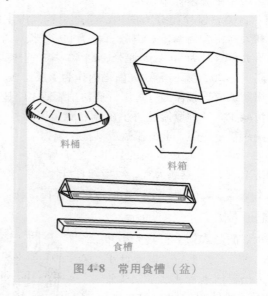

料桶

料箱

食槽

图4-8　常用食槽（盆）

三、产蛋巢和产蛋箱

一般生产鹅场多采用开放式产蛋巢，即在鹅舍一角用围栏隔开，地上铺草，让其自由进入产蛋。

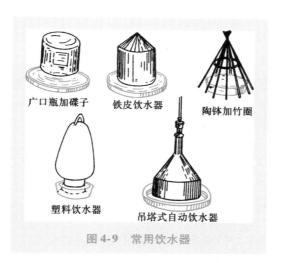

广口瓶加碟子　　铁皮饮水器　　陶钵加竹圈

塑料饮水器　　吊塔式自动饮水器

图4-9　常用饮水器

良种繁殖场母鹅一般都实行个体产蛋记录，常采用自动关闭产蛋箱。这种产蛋箱母鹅可自由进入产蛋，但不能任意离开，必须由拾蛋者记录后放出。这种产蛋箱一般高50～70厘米，宽50厘米，长70厘米。产蛋箱放在地上，箱底不必钉板，箱前开扇活动而自闭的小门，箱上面安装活动盖板。

四、孵蛋巢

孵蛋巢上下直径为40～50厘米，高30厘米。一般每100只母鹅应备有25～30只孵蛋巢。孵蛋巢内围和底部用稻草或麦秸作为垫物。在孵化室内将若干个孵蛋巢连接排列在一起，用砖和木条垫高，离地面7～10厘米，并加以固定，防止翻倒。每个孵蛋巢之间可用竹片编成的隔围隔开，使抱窝母鹅不互相干扰打架。孵蛋巢的排列方式视孵化室的形状和大小而定，力求充分利用，操作方便。

设计和建造巢箱或巢筐时必须注意以下几点：一是用材省、造价低；二是便于打扫、清洗和消毒；三是结构坚固耐用；四是大小适中；五是能和鹅舍的建筑协调起来，充分利用鹅舍面积来安排巢和箱；六是必须方便日常操作；七是母鹅居住在里面能感到舒适；八是能减少母鹅间的互相干扰；九是有利于充分发挥种鹅的生产性能。

五、运输鹅和蛋的笼和箱

应有一定数量的运输育肥鹅或种鹅的笼子，每个竹笼可容纳8～10

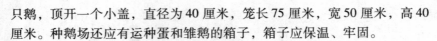

只鹅，顶开一个小盖，直径为 40 厘米，笼长 75 厘米，宽 50 厘米，高 40 厘米。种鹅场还应有运种蛋和雏鹅的箱子，箱子应保温、牢固。

六、其他设备及用具

除上述介绍的养鹅设备及用具外，其他还有孵化设备（包括传统孵化设备和机械孵化设备）、填饲机具（包括手动填饲机和电动填饲机）、饲料加工机械及屠宰加工设备等，限于篇幅，不再一一赘述。

第五章 鹅的饲养管理

第一节 雏鹅的饲养管理

1～30日龄的雏鹅称为苗鹅或幼鹅，31～80日龄的仔鹅称为中鹅，80日龄以上留作种用的鹅称为青年鹅或后备鹅。本节重点介绍1～30日龄鹅的培育。

一、选好育雏季节

春季气候温和湿润，青草幼嫩多汁，营养丰富，有害因素少，并且鹅可实行放牧饲养和多次拔毛，经济效益也高，故有"春养鹅，好处多"的谚语。留种鹅春季育雏更好。

从全国来看，一般都是春季捉雏鹅，即"清明捉鹅"。这时，正是种鹅产蛋的旺季，可以大量孵化；气候由冷转暖，育雏较为有利；春暖花开，百草萌发，苦荬菜、莴苣已有，可作为雏鹅开食吃青的饲料。当雏鹅长到20日龄左右时，青绿饲料已普遍生长，质地幼嫩，能全天放牧。到50日龄左右，仔鹅进入育肥期，刚好大麦收割，接着是小麦收割，可以放麦茬育肥，到育肥结束时，恰好赶上我国传统节日——端午节上市。

此外，全国也有好多不同季节育雏的类型。广东省四季常青，一般是11月前后捉雏鹅，这时饲养条件好，鹅长得快，仔鹅育肥结束刚好满足春季市场需要。也有少数地方饲养夏鹅，即在早稻收割前60天捉雏鹅，到早稻收割时利用放稻茬田育肥，开春产蛋也能赶上春孵。在四川省隆昌市一带历来有养冬鹅的习惯，即11月开孵，12月出雏，冬季饲养，快速育肥，春节上市。

二、育雏前的准备

（1）育雏室的检查 接雏前要对育雏室进行全面的检查，如果墙壁或地板有破损，要及时修补；室内要灭鼠，鼠洞要堵好；育雏室保温条件应良好，光照条件和围栏的围板应牢固等。若小规模养鹅或农家分散养鹅，一般不采用围栏，需准备好巢穴。

（2）消毒 育雏室内外应进行彻底清扫消毒。墙壁可用20%的石灰乳刷新，阴沟用20%的漂白粉溶液消毒；地面、顶棚用10%硫酸-石炭酸热溶液喷洒消毒，每平方米使用0.5~1升消毒液。喷洒后关紧门窗1小时，然后敞开门窗，让空气流动。饲养用具如围栏板、巢穴、食槽、饮水器等皆可用5%的热烧碱溶液洗涤，然后再用清水冲洗干净，防止腐蚀雏鹅黏膜。育雏室出入处应设有消毒池。

（3）饲料与药品的准备 农村家庭养鹅专业户的雏鹅饲料，一般多用小米、碎米和玉米渣，经过浸泡或稍蒸煮后喂给。为使其爽口、不粘嘴，蒸煮过的饲料最好用水淘过以后再喂。这种饲料较单一，最好从一开始就喂给混合饲料。另外，应满足鹅对青绿饲料的需要，青绿饲料占饲料总量的60%~70%。缺乏青绿饲料时，要在精料中补充0.01%的复合维生素。一般每只雏鹅4周龄育雏期需备精料3千克左右，优质的青绿饲料8~10千克。同时要准备雏鹅常用的一些药品，如土霉素、呋喃唑酮（痢特灵）、高锰酸钾等。

（4）预温 雏鹅舍的温度应达到28~30℃才能进鹅苗。地面或炕上育雏，应铺上一层10厘米厚的清洁干燥的垫草，然后开始供暖，温度表应悬挂在高于雏鹅生活的地方5~8厘米处，并观测昼夜温度变化。

三、雏鹅的选择与接雏

1. 选择雏鹅的标准

1）按时出壳（鹅的孵化期为30.5天），出壳体重为100克左右（狮头鹅为130克左右）。

2）腹部柔软，表明卵黄吸收良好，脐部没有残留物，肛门清洁，毛色光亮。

3）站立平稳，行动活泼，叫声有力，两眼有神。

4）用手握住颈部把鹅提起时，两脚能迅速收缩，挣扎有力。

弱雏绒毛多，较短而色暗，有互相黏着的现象，精神不好，腹部胀而较坚实，脐收缩不良，或者有流血现象，饲养1~2天后肛门附近常粘有粪便，采食时间延缓，并且有出壳后拒食的现象。

2. 接雏

接雏的首要工作是干毛和硬脚。雏鹅出壳，绒毛未干，脚软。可将雏鹅放入 27～25℃ 的育雏室内，用黑布遮住光线，让其自然干毛、硬脚。

雏鹅毛干、脚硬后可运输。运输时，先装筐，每平方米可装雏鹅 75～100 只，谨防拥挤压死；筐内既要注意保温（一般保持 25～30℃），又要注意通气。夏季运输还要防晒、防中暑。无论长途运输还是短途运输，途中都应尽可能减少震动，并注意经常检查，防止雏鹅因受冷而拥挤扎堆，若发现有扎堆现象，应立即用手将其分散。对于仰面朝天的雏鹅，要立即将其扶起，避免造成死亡。

四、根据雏鹅的生理特点进行培育

（1）雏鹅调节体温机能不健全，对外界环境适应能力差 雏鹅刚孵出时，个头小，绒毛稀，自身调节体温的能力差，需要保温（表5-1）。

表 5-1 不同日龄雏鹅饲养环境温度和湿度

日龄	育雏温度/℃	相对湿度（%）	室温/℃
1～5	27～28	60～65	15～18
6～10	23～24	60～65	15～18
11～17	19～20	65～70	15
18～24	15～16	65～70	15

注意这里所指的育雏温度是育雏箱内垫草以上 5～10 厘米处的温度；而室温是指育雏室内两窗之间距地上 1.5～2 米高处的温度。

温度是否合适要看雏鹅的情况，吃饱就睡觉，表明温度合适；挤堆鸣叫，表明温度低；张口喘气并且尖叫，表明温度高。看雏鹅的情况来控制温度是比较有效的保温方法。

（2）雏鹅消化力弱 20 日龄以内的雏鹅，不仅消化力弱，而且吃下的食物通过消化道的速度（平均保持在 1.3 小时）比羊（52.2 小时）快得多，比雏鸡（4 小时）也快。因此对雏鹅应多次喂，喂全价配合饲料，这样才能满足雏鹅快速生长的需要。1～21 日龄的雏鹅，日粮中粗蛋白质含量为 20%～22%，代谢能为 11.30～11.72 兆焦/千克；28 日龄起，粗蛋白质含量为 18%，代谢能约为 11.72 兆焦/千克。喂配合饲料时，应注意饲料的适口性，不能粘嘴，有条件时若能制成颗粒饲料，饲喂效果更好。

（3）雏鹅生长发育快 初生 120 克的肉用仔鹅 3 周龄的活重为 1.6

千克，为初生重的13.5倍；4周龄时活重为2.2千克，为初生重的18.7倍；8周龄时活重达4.4千克，为初生重的36.88倍。为保证雏鹅的快速生长发育，要及时"三开"，即开水、开食和开青。蛋黄吸收良好（蛋黄吸收约经90小时，即3~4天的时间吸收完毕）的雏鹅，出壳后12~16小时就有啄食行为，这时即可"三开"。

开食前，最好先饮一些甘草水或淡绿茶水，有清理润滑肠道、宽肠健胃之效，并能加速其吸收腹内剩余蛋黄。如果是远距离运输，则宜首先喂给8%葡萄糖水，这对提高育雏成绩很有帮助。然后将蒸煮半熟的大米或碎玉米渣过水，使其松散不黏成团，再将切碎的青菜均匀拌入并撒在塑料布上，用手轻击塑料布，引诱和训练雏鹅采食。开食时的喂量一般为每1000只雏鹅1天5千克青绿饲料，2.5千克碎米，分6~10次（包括夜晚）饲喂。这时，在饲料中每10只雏鹅加喂1个蛋黄，3天后可喂全价配合饲料：玉米面55%、豆饼25%、鱼粉5%、小麦麸10%、叶粉5%。此外，另加0.3%~0.5%的食盐及2.5%的骨粉。

3日龄后的雏鹅，饲喂时可在日粮中掺入少量的沙砾，对帮助其消化有积极作用。添加量应在1%左右，10日龄前沙砾的直径为1~1.5毫米，10日龄后改为2.5~3毫米。每周喂量为4~5克，也可设沙砾槽，雏鹅可根据自己的需要觅食。放牧鹅可不喂沙砾。

（4）雏鹅喜欢扎堆，饲养密度要适当 20日龄内的雏鹅喜欢扎堆，尤其温度低时更爱扎堆，很容易受挤压伤，甚至大批死亡。为了防止雏鹅扎堆，自开食后，每小时用手拨散雏鹅1次；除了掌握好温度外，还要注意密度和群体大小。合理密度以每平方米饲养8~10只雏鹅为宜，每群以100~150只为好。最好将育雏室分为若干小格，分小群饲养。30日龄后一般不再发生扎堆现象，可逐渐由50只合并为100~200只的群体舍饲或放牧。

（5）及时合理分群 及时合理分群能使雏鹅生长均匀，有助于提高雏鹅的成活率。分群的方法有如下几种：

1）根据蛋源、雏鹅出壳时间分群。由于种蛋和孵化技术等多种因素，雏鹅强弱差异较大。必须根据出壳时间、强与弱、大与小进行组群，分开饲养。对弱小鹅要加强饲养，饲料中可适当添加葡萄糖、钙片等促进生长。

2）根据雏鹅的采食能力进行分群。凡采食快、食道膨大部明显者为强者。要将雏鹅群分为强群和弱群。

3）根据雏鹅的性别分群。公鹅与母鹅生长速度不一样，应分开饲养。研究表明，在相同时间和相同条件下，公雏比母雏增重高 5% ~ 25%，单位增重耗料也少。

4）防止互相追逐。除注意鹅体清洁卫生外，有条件时对不同羽色、不同年龄的鹅应分群饲养或放牧，以免造成不必要的死亡。

（6）勤加垫草，保持栏内温暖干燥 育雏室内相对湿度应保持在 60% ~ 65% 为最佳。室内的垫草应保持干燥，添加褥草一般无时间限定，见湿就加。为防止风湿性关节炎，民间常采用干枫树叶垫栏或巢穴，确有良效。

（7）保证充足的睡眠时间 5 日龄内的雏鹅，每次喂饲后，应给予 10 ~ 15 分钟的运动（指在栏内活动），其余时间应让其休息睡眠。5 日龄内的雏鹅基本上是在睡眠中度过的，为使雏鹅睡得深，育雏室的环境要安静。

（8）正确的光照 育雏期光照时间，育雏第一天可采用 24 小时光照，以后每 2 天减少 1 小时，至 4 周龄时采用自然光照。

（9）放水放牧 一般清明节前后才可放水，放水的水温一般以 25℃ 为宜，气温低时在室内可用水盆盛水进行。首次放水 3 ~ 5 分钟即可。放水时先把雏鹅放在篮中，然后把竹篮放入水中，水深只能浸湿脚，不能超过踝关节，让鹅自由活动和饮水。

雏鹅 7 日龄后部分绒毛开始翻白，即可逐渐放牧，但应选择气温适宜、晴朗无风的天气进行。由于雏鹅生长迅速，仅靠放牧不能满足其营养需要，放牧回舍后应该补喂精料。3 周龄后，当天气温暖时，可以整天放牧。

在开始放牧的一个星期内，民间常饲喂在雏鹅的日粮中加 0.5% 硫黄粉、10% 生姜末的饲料，特别适合立冬鹅、早春鹅。加入此两种药，确有提高成活率之效，因为此两种成分有杀虫、祛风和健胃的作用。

雏鹅放牧要做到"迟放早收"。雏鹅腿部和腹下部的绒毛沾湿后不易干燥，沾湿绒毛使雏鹅着凉，导致雏鹅腹泻、感冒和风湿性关节炎。所谓迟放就是上午第一次放牧时间要晚一些，应以草上的露水干为准。露水未干前绝对禁止雏鹅放牧。早收是指牧鹅归巢要早，早春或冬天夜风来得早，避免雏鹅受夜风着凉，一般在夜幕降临前就应归宿。雨后不放牧。

（10）**防病防兽害**　引进的雏鹅，如果其母鹅未注射小鹅瘟疫苗进行母体免疫，则要注射小鹅瘟血清对其进行免疫接种。对雏鹅易发的白痢病，可在饲料中拌入呋喃唑酮（痢特灵）药片［捻碎后与饲料拌匀，每千克饲料拌入 0.5 片呋喃唑酮（痢特灵）］进行预防，用药时间 1 周，第 2 周后每千克饲料中用 0.25 片呋喃唑酮（痢特灵）即可。饲料中也可加土霉素片，每片（50 万国际单位）拌料 500 克，每天 2 次，可防治一般细菌性疾病。添加钙片可防止骨软症。发现少数雏鹅拉稀时，可使用硫酸庆大霉素片剂或针剂，口服或注射，每只 1 万~2 万国际单位，每天 2 次。如果发现鹅患流行性感冒，应及时治疗，用青霉素 3 万~5 万国际单位肌内注射，每天 2 次，连用 2~3 天；或者磺胺嘧啶片首次口服 1/2 片（0.25 克），以后每隔 8 小时服 1/4 片，连用 2~4 天。育雏阶段，晚上要用灯光照明，防止兽害。雏鹅阶段的兽害主要是猫、鼠和蛇，但危害最严重的是老鼠，应特别防护。

（11）**防止应激**　育雏室里应安静，严禁粗暴操作、大声喧哗引起惊群。育雏室光线不宜亮，灯泡功率不要超过 40 瓦且应悬高，只要能让雏鹅看到饮水和饲料就行；灯泡以有颜色特别是蓝色比较好，它可减少雏鹅彼此间啄毛癖的发生，而且对雏鹅眼睛刺激较为温和；30 日龄后逐渐减少照明时间，直到停止照明使用自然光照为止。如果采用红外线灯泡做保温源，悬挂高度必须离垫料不少于 30 厘米，否则易引起火灾。

（12）**雏鹅的脱温**　适时脱温可增强雏鹅的体质。因此，气温高时，雏鹅在 3~7 日龄可以逐步外出放牧，此时就可以开始逐步脱温。冬季与早春外界气温低，保温期较长，需 10~20 日龄才开始逐步脱温，25~30 日龄就可以完全脱温。

第二节　中鹅的饲养管理

中鹅又称青年鹅或育成鹅，是指从 4 周龄（育雏结束）起到选入种用或转入育肥时为止的鹅。在我国对于一般品种来说，中鹅就是指 4 周龄至 70 日龄左右的鹅，俗称仔鹅。留作种用的中鹅称为后备鹅，不能留作种用的转入育肥群，经短期育肥供食用。中鹅阶段生长发育的好坏，与上市肉用仔鹅的体重、未来种鹅的质量有密切的关系。中鹅生长发育的特点为先长羽后长骨。中鹅羽毛着生有一定的规律（表 5-2）。

表5-2　鹅羽毛着生规律及管理措施

日龄	羽毛着生情况	俗称	体重/千克	饲养管理措施
10	黄绒毛基本上变白	小反白		自温育雏，防止扎堆
15	全身绒毛变白	大反白		近途放牧锻炼
20	尾尖体侧长出大毛毛管	蛀尾巴	0.5	放牧饲养，白天不补喂
30	尾尖的羽毛已经长出，形如小扇	小扇子		
35	两肩上部和体两侧的羽毛长出，腹部羽毛的毛管显露	四搭毛	1.25	
38	腹部已长出大羽，但其中尚夹有绒毛	草鞋底		
40	背部羽毛已很长，胸腹部也已长齐	滑底		可以在牧场露宿过夜
50	头颈部开始长羽毛	花光头		放牧饲养
55	二翅前缘起直至头部的羽毛已换好	先前平截	2.25	放牧饲养
70	主翼羽毛已生长了一半的长度	半翅子	2.5	放牧饲养
75	主翼羽长齐，无血管毛	全翅子	2.75	膘肥毛足，可供食用
120	换毛结束	四面光		种鹅

一、中鹅的饲料

在选择中鹅饲料和拟定它的饲料标准时，应遵循"以粗代青，青粗为主，适当搭配精料"的原则。饲料中蛋白质含量维持在 8% ~ 10% 即可。

二、中鹅的饲养

中鹅羽毛的生长速度是衡量饲养质量的指标。如果出羽速度慢，羽毛光泽度差，羽毛松蓬，说明中鹅饲料的蛋白质含量低，应立即调整精料，提高其蛋白质含量和饲料浓度。如果出羽速度快，羽毛发亮，贴身紧凑，则说明其营养充足。如果其粪便发黑而结实，则说明营养过剩。中鹅严禁过肥，必须严格控制能量饲料，以补充瘪谷为好。

（1）选好牧地 中鹅适于放牧为主、补料为辅的饲养方式。牧地要有优良的牧草和清洁的水源，还要有树荫或其他蔽阳物，让鹅在炎夏时遮阴乘凉。群众的经验是"夏放牧场，秋放稻场，冬放湖塘，春放草塘"。牧地应划分若干小区，有计划地进行分区轮牧，以保证鹅群每天能吃到丰富而青嫩的饲草。

（2）适当补料 30日龄以上的中鹅，可采用赶牧方式整天放牧，并按牧地草质优劣、鹅群采食情况和增重速度酌量补料。当中鹅肩部与腿侧长出羽毛时，食欲旺盛，增重迅速，应增喂碳水化合物和蛋白质饲料，一般以糠麸为主，掺一些甘薯、秕谷和少量豆饼；在中鹅背部、腹部的绒毛开始脱落换新羽时，增重慢而饲料消耗大，要注意补料，否则易引起换羽不一。补料次数要按鹅的日龄、增重速度、牧地草质和鹅的实际采食量灵活掌握。30~50日龄每昼夜喂5~6次，50~80日龄每昼夜喂4~5次。

喂料时，民间做到"青料垫底，精料盖面"，因而能做到"百食不厌"。

（3）经常饮水 要供给充足的饮水。水质要好，严防污染。需在饮水中加适量的高锰酸钾，除有杀菌消毒、清理肠道的作用外，还可以补充微量元素锰，这对促进鹅群的健康有很好的作用。

（4）补饲矿物质饲料 中鹅阶段是长骨骼时期，需要较多的矿物质，促进长骨架，否则易引起软脚病或发育不良。在日粮中应加入5%骨粉或贝壳粉，以及0.3%左右的食盐。

三、放牧

（1）牧鹅时间 25日龄以内仍坚持"迟牧早收"的牧鹅原则。只有当鹅的尾尖、体两侧长出羽毛管后（26~30日龄），才可以提早牧鹅，让鹅尽早地吃上露水草，民间有"吃上露水草，好比草上加麸料"之说。这时，除雨天，可整天放牧。到达四搭毛时期，中鹅的羽毛较丰满，其抗寒抗雨的能力较强，即使雨天也可牧鹅。届时，牧鹅需做到"两头黑"。所谓"两头黑"就是指早出晚归，尽量延长鹅的采食时间。

（2）牧鹅的编群 通常100只的鹅群可由1人放牧，200~500只的鹅群可由2人放牧。最好按年龄将个体小而弱的鹅分别编群，以免放牧过程中大欺小，强欺弱，发生啄斗或抢食，致使鹅群生长发育参差不齐。

（3）放牧鹅群的调教

1）合群性。鹅的合群性不如鸭，但比鸡好，放牧时应加以训练。

2）听从指挥。通常在放牧之初及放牧过程中以固定的笛声或吆喝声，配合出牧、收牧、补料、饮水等技术措施，使鹅熟悉不同声响或吆喝声的意义，形成条件反射，便于放牧管理。

（4）牧鹅方法　一般宜采用一字形的循序渐进的牧鹅法。

（5）巧牧鹅　要掌握鹅的采食—游泳—采食—休息—采食的规律。鹅在采食途中，待吃到半饱时就感到疲惫。其表现为采食速度减慢，有的停止采食，扬头伸颈，东张西望，鸣叫，公鹅表现尤其明显。此时，应把鹅群赶入池塘或溪河，让其饮水、游泳。鹅群在水里饮水梳毛，疲乏顿时消除，情绪十分活跃，自由自在游来游去。届时，应尽快地把鹅群赶回牧场，让鹅群继续采食。待鹅群吃饱后，让其在树荫下或遮阳棚里休息。当鹅群骚动时，说明鹅群已休息好了。再次将鹅群赶入牧场，让鹅采食。这样，鹅群就能吃饱、饮足，休息好。

（6）实行轮牧制　无论草地、茬地，都要有计划地轮牧，使鹅能够采食到多种多样的牧草，同时也有利于牧草生息。应根据草地的自然地势分成若干小区，每隔 15 ～ 20 天或更长些时间轮换一次，每一小区可放牧 3 ～ 5 天。牧场若不大，也可每天转移至其他牧场，实行 7 天一循环的轮放制度。

四、中鹅的管理

（1）搭好鹅棚　一般多用竹制的高鹅栏围成，上罩渔网以防兽害。除下雨外，棚顶不加盖芦席等物。场地要高燥，以防中鹅受寒或引起烂毛。为了管理方便，要分群管理，一般以 250 ～ 300 只中鹅为一群，由 2 人管理。

（2）防止饥饿　中鹅消化力强，日粮增多，对饥饿极为敏感。有条件时，夜间适当补饲，更能促进中鹅生长发育。

（3）防止惊群　在阴雨天放牧时，饲养员宜穿雨衣，不要撑雨伞，因雨伞易使鹅群骚动。鹅群经过公路时，也要防止汽车喇叭声的干扰而引起惊群。

（4）防止追打　俗话说"鹅秀才，鸭老太"，就是说鹅最怕追赶和棒打，尤其雏鹅更怕。因此，出牧、收牧或放牧过程中都要缓慢前进，如果猛追和棒打，会造成伤亡。

（5）垫土积肥 垫土要用干净的泥土或草木灰，每天更换一次，换去的垫土要及时堆积，让其发酵，这样可利用生物热杀死病菌，又可提高肥力。

（6）搞好卫生防疫 放牧的鹅群，放牧前应注射小鹅瘟血清、禽霍乱疫苗。放牧时，如果发现邻区或上游放牧的鹅群或分散养鹅户养的鹅发生传染病，应立即转移鹅群到安全地点放牧，以防传染疫病。每天要清洗饲料槽、饮水盆，定期更换垫草，随时搞好舍内外、场区的清洁卫生。

（7）防止跑路 一方面牧地的临时棚舍应随水和草而定期转移，使全天总牧程控制在 0.5 千米以内。另一方面，在一天内要不断放牧，不断休息，使鹅少跑路，少消耗体力，有利于其生长发育和提早出栏上市。

（8）及时转群、出栏 一般长至 70~80 日龄时，就可以达到选留种鹅的体重要求。选留的合格种鹅可转入后备鹅群继续进行培育。不符合种用条件的仔鹅和体质瘦弱的仔鹅，可及时转入育肥群，进行肉用仔鹅育肥。达到出栏标准体重的仔鹅可及时上市出售。

第三节　种鹅的饲养管理

一、加强对后备鹅的选择和饲养管理

1. 后备鹅的选择

中鹅养到 70 天左右，对混群鹅就要进行选择，按照各品种体型外貌，选出体躯匀称、体重相似的整齐鹅群，作为产蛋鹅的后备群。此外，由于公鹅性成熟比母鹅性成熟早，故而选留公鹅的时间要迟 2 个月左右，多在夏鹅的中鹅当中于 8 月中旬选留。这样做，不仅在繁殖上比较有利，而且后备鹅可以少养 2 个月左右，节省较多的饲料、工时。

2. 后备鹅的饲养管理

（1）前期调教合群，补饲稳长 70~90 日龄（或 100 日龄）为前期。后备鹅是从中鹅群中挑选出来的优良个体，往往不是来自同一鹅群，把它们合并成后备鹅的新群后，由于彼此不熟悉，常常不合群，甚至有"欺生"现象，必须通过调教让它们合群。这是管理上的一个重点。

在饲养上，继续保持中鹅阶段的饲养水平，一般除放牧外酌情补饲一些精料，以保证其迅速生长发育和第一次换羽的完成。

（2）中期公母分开，限制饲养 中期从 90 日龄或 100 日龄开始，到

150 日龄左右结束，历时 2 个月左右。一般来说，从 100 日龄左右起，公鹅与母鹅就应该分开管理、饲养，这样既可适应各自的不同饲养管理要求，又可防止早熟的鹅滥交乱配。

90 日龄以后，可以转入粗饲阶段，对后备鹅进行限制饲养，即只给维持饲料，防止种鹅过肥及早熟早产。

（3）后期防疫接种，加料促产　后期是从 150 日龄到开产或配种，历时 1 个月左右。这一阶段要注射小鹅瘟疫苗，一般在产蛋前注射。疫苗以 1∶100 稀释，肌内或皮下注射 1 毫升。一次注射后，整个产蛋季节都有效。母鹅在注射疫苗 15 天后所产的蛋都可留着孵化，其内含有母源抗体，孵出的雏鹅已获得了被动免疫力。

在饲养上要逐步放食，由粗变精，补饲只定时、不定料、不定量，做到饲料多样化，青绿饲料充足，增喂矿物质饲料，促进母鹅进入“小变”，即体态逐步丰满。之后再由精变多，增加饲料的用量，让母鹅自由采食，争取及早进入“大变”，即母鹅进入临产状态。

临产母鹅全身羽毛紧贴，光泽鲜明，尤其是项羽显得光滑紧凑，尾羽与背羽平伸，后腹下垂，耻骨开张达 3 指以上，肛门平整呈菊花状，行动迟缓，食欲大增，喜食矿物质饲料，有求偶表现，想窝念巢。后备公鹅的精料补饲应提早进行，促进其提早换羽，以便母鹅开产前有充沛的体力、旺盛的性欲。

二、注意鹅群的组成

母鹅的利用年限比鸡、鸭长。据俄罗斯对 8 个品种的测定，以第一个产蛋年度为 100%，第二个产蛋年度为 108%～155%，第三个产蛋年度为 127%～168%，其中大灰鹅第四、五个产蛋年度迅速下降到 77%。

因此，许多国家的种鹅利用 3 年（5 个产蛋季节）或 3 年半（6 个产蛋季节）。在鹅群年龄组成方面，俄罗斯的《工业养禽》一书介绍，第一年生产鹅 27%，第二年生产鹅 25.7%，第三年生产鹅 24.3%，第四年生产鹅 23%。这样组成的鹅群，能保持各年有均衡而较高的产蛋量。

三、提高母鹅产蛋率

1. 科学饲养母鹅

（1）满足母鹅的营养需要　日粮中代谢能为 10.88～12.13 兆焦/千克，粗蛋白质含量为 14%～16%，粗纤维含量为 5%～8%（不高于10%），赖氨酸含量为 0.8%，甲硫氨酸含量为 0.35%，胱氨酸含量为

0.27%，钙含量为 2.25%，磷含量为 0.65%，食盐含量为 0.5%。维生素对鹅的繁殖有着非常重要的影响，维生素 E、维生素 A、维生素 D_3、维生素 B_1、维生素 B_2、维生素 B_6 必须满足。按照上述营养要求，产蛋母鹅的饲料配方见表 5-3 和表 5-4。

表 5-3　产蛋母鹅的饲料配方

饲　料	比例（%）
玉米	52
优质青干草粉	19
豆饼	10
花生饼	5
棉仁饼	3
芝麻饼	5
骨粉	1.5
贝壳粉	4.0
食盐	0.5

表 5-4　饲料营养成分含量

营养成分	含　量
代谢能/（兆焦/千克）	10.88
蛋白质（%）	15.96
钙（%）	2.21
磷（%）	0.59
赖氨酸（%）	0.69
甲硫氨酸+胱氨酸（%）	0.56
食盐（%）	0.50
另加赖氨酸（%）	0.11
甲硫氨酸（%）	0.05

（2）**产蛋母鹅对青绿饲料非常敏感**　据罗宾资料，用含谷物精料少而含大量青绿饲料（340 克）的日粮，可使霍尔莫戈尔鹅在试验期内每只母鹅平均产 29.1 个蛋，而对照组为 24.1 个蛋；每只母鹅分别得雏鹅

19 只和 13 只。在枯草季节，可在种鹅的饲料中添加麦芽和谷芽饲料。谷类胚芽富含维生素 B_2，可提高种鹅的产蛋量和种蛋的品质，对防止鹅胚中期死亡，以及提高孵化率和育雏率都极有好处。同时，还可喂给松针叶。松针叶含有丰富的叶绿素和胡萝卜素，可代替青绿饲料，防止维生素缺乏。饲喂松针叶的方法：采集新鲜的松针叶（干的松针叶无效果）磨成浆，然后加入适量水，拌在适口性好的精料中。5～6 千克的种鹅，一昼夜的饲喂量为 150～200 克。

（3）添加氨基酸　广东省博罗县畜牧局林宗周将 72 只豁鹅分成试验与对照两组，每组随机均分 30 只母鹅和 6 只公鹅。两组日粮组成一样，但试验组添加 0.15% 赖氨酸（有效成分占 98.5%）和 0.15% 甲硫氨酸（有效成分占 99%）。预试期 30 天，对照组产蛋率为 23.44%，试验组为 22.89%；试验期达 30 天，两组产蛋率分别为 17.67% 和 23.89%，试验组比对照组多产 56 个蛋，提高 35.2%，饲料报酬提高 33.29%，每千克饲料成本下降 27.18%。

（4）搭配优质青干草粉　据俄罗斯试验，在成年母鹅日粮中搭配 15%、20% 和 25% 的干草粉，发现搭配 20% 干草粉组的蛋中，类胡萝卜素的含量最高，孵化质量最好。波兰用整株青玉米草粉喂意大利鹅的试验中，每只母鹅比对照组多产 3.4 个蛋，受精率提高 13.7%，孵化率提高 2%。

（5）日粮搭配互换　据研究，鹅的日粮中搭配适量的动物性蛋白质（约占蛋白质总量的 14.5%），对母鹅的繁殖力有良好的影响。同时，在日粮中定期（每隔 10 天）用植物性蛋白质（用合成氨基酸平衡日粮）代替动物性蛋白质效果良好。这对青年鹅比经产鹅效果更佳，产蛋率提高 10%～15%，出雏率提高 8%～10%。

（6）鹅属水禽，采食、生活都离不开水　补喂精料时，应调制成水料，特别是粉状混合料更需加水调制成水料，其湿度以不粘嘴为度。喂完精料后，食槽内应注满清水，供鹅饮用。要求食槽下面设立泄水坑，食槽周围用竹栅或木栅围着，以鹅能自由采食而又不能进入栅内为限。这样，可以防止食槽内的水被鹅弄脏。每天至少要洗刷食槽一次。

（7）喂夜餐　鹅没有嗉囊，并且吃下的食物通过消化道时间快，这是鹅有夜食性的生理基础。因此，加喂夜餐，或者使用自动喂料箱，任鹅自由采食。据河北省晋州市周头村群众经验，每天傍晚给鹅拌一盆饲料，任鹅自由采食，年产蛋在 100 个以上，个别高产母鹅可达 140 个。

2. 创造良好的环境条件

（1）温度 在种用季节，舍内温度不应低于8℃，最好保持在14～15℃。此外，冬季天气寒冷，北方时常降雪，饮水容易结冰。鹅吃雪或饮冰水时，有"鹅吃冰（雪），把蛋扔"的谚语。

（2）增加光照时间 光线能刺激母鹅的性腺，促进卵巢内卵子成熟，从而增加产蛋量（0.5～2.0倍），特别是产蛋量低的品种，补充光照可使产蛋量提高得更快。

补充光照加自然光照，每天总时数以13～14小时效果最好，光照度每平方米25勒克斯就可以满足鹅产蛋、配种的需要，光照超过16小时产蛋反而减少。通常采用灯光照明，灯与地面距离为1.75米，每平方米地面有3瓦光照即可。通常在开产前1个月增加光照。另外一种增加光照时间的措施是：尽量延长牧鹅的时间，做到日落之前不收鹅。

（3）空气 根据计算，鹅对新鲜空气的需要量为：冬季1.6～2.0米³/（千克·小时），春秋两季2～3米³/（千克·小时），夏季为5米³/（千克·小时）。对各年龄鹅来说，舍内有害空气的含量，二氧化碳不超过0.2%，氨不超过0.01毫克/升，硫化氢不超过0.005毫克/升。此外，空气中的相对湿度可为70%～80%。为保持舍内空气新鲜，首先，容纳种鹅密度不宜过大，一般为1.3～1.6只/米²，在以放牧饲养为主的条件下可容纳2只/米²。其次，要经常清除鹅粪和垫草，舍内门窗及换气孔应该经常打开，冬季可关严门窗，但换气孔应半开或全开。在使用通风机的时候，春季和冬季空气流动速度不超过0.8米/秒，最好在0.5米/秒，夏季可达0.8～1.0米/秒。最后，在鹅舍周围植树种草，可净化空气，使进入舍内的空气保持新鲜。

3. 做好母鹅产蛋的护理工作

鹅的蛋自卵巢排入输卵管到产出完整的蛋需36～48小时。母鹅大部分在下半夜至8：00产蛋，只有少数在下午产蛋。高产母鹅常常两天产一个蛋或三天产两个蛋。所以，产蛋母鹅9：00以前不应外出放牧，而在舍内补饲，让其交配、产蛋。

上午放牧前要检查鹅群，如果发现个别母鹅鸣叫不安、腹部饱满、尾羽平伸、泄殖腔膨大、行动迟缓、思欲上巢，应捉起检查。如果触摸有蛋者，应留在舍内，不要随大群放牧。母鹅产蛋时，公鹅常在一旁看守，不要随便赶走公鹅，以免影响母鹅产蛋。产蛋后，公鹅与母鹅共同离去，到牧地或饲槽采食。晚间鹅舍内放置产蛋箱，备鹅夜间产蛋（最

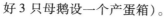

好 3 只母鹅设一个产蛋箱）。

4. 催孵与催醒

（1）催孵 用 1.25 克催乳片给母鹅服用，每天 2 次，每次服 1 ~ 1.5 片，连服 3 天，第 4 天鹅便产生抱孵的要求。

（2）催醒

1）拔羽催醒。拔除抱孵鹅左右翅膀外侧的有管羽毛各 3 根；要从翅尖部第 1 根开始，依次逐根拔掉，让其少流点血（切不可几根连在一起拔）。一般抱窝 1 ~ 2 天的母鹅在拔羽后 2 ~ 3 天即可离窝觅食。

2）通电催醒。用 15 ~ 20 伏低电压（即 1.5 伏电池 10 ~ 15 个串联），两个电极针一端插在鹅嘴内，另一端接触鹅冠，通电 10 秒，间歇 10 秒，再通电 10 秒，效果很好。

3）激素催醒。注射一支 25 毫克丙酸睾酮，1 ~ 2 天即可催醒。

4）药物催醒。

① 每只鹅注射 20% 硫酸铜水溶液 2 毫升，促使脑垂体前叶分泌性激素，增强卵巢活动而使鹅离巢，效果显著。

② 每只鹅每天喂 1 ~ 1.5 片雷米封（异烟肼），隔天 1 次，一般用 2 次后即可见效。

③ 磷酸氯喹片（每片 0.25 克），每天每次 0.5 ~ 1 片，连服 2 次，催醒效果在 95% 以上。

5. 加速换羽

自然换羽需要 45 天左右结束，而人工强制换羽只需要 25 天就可完成。人工强制换羽是在母鹅产蛋末期（产蛋率在 15% ~ 17% 时）进行。辽宁省昌图县采用停料 2 天，停水 1 天，接着减少精料，打乱其正常生活规律。一旦开始换羽就加强饲养，使其换羽在 1 个月内结束。据国外经验，断水、断料和缩短光照时间（表 5-5），约经 2 个月即可进入盛产期。

表 5-5 人工强制换羽的安排

换羽时间	饲 养	饮水	光照持续时间/小时
第 1 天	断料	断水	完全遮光
第 2 天	断料	断水	完全遮光
第 3 ~ 21 天	给料（蛋白质含量少于 20%）	给水	7
第 21 天以后	自由采食营养成分完全的饲料	给水	14

第五章

我国南方多采用人工拔羽的方法。在春季产完蛋后停止喂料，完全放牧。待鹅只普遍健壮起来，拔掉翅膀上的主翼羽毛及副主翼羽和尾羽。一般在晴天傍晚或半夜开始拔羽，天亮拔完。过于瘦弱的母鹅可晚拔几天，公鹅比母鹅早拔20天。

人工拔羽有两种方法：①手提法，这种方法适用于小型鹅，拔时用一只手紧握鹅的两个翅膀，提起悬空，另一只手把翅膀张开，用力顺着主翼羽生长的方向将主、副翼羽拔掉，最后拔掉尾羽；②按地法，此法适用于体型大的种鹅或初学者，操作时，左手提住鹅的头颈部，右手捉住鹅的两脚向后拉，把鹅按在地上，然后用右脚踏住鹅的双脚，左脚大拇指与第二趾轻轻固定鹅颈，左手提住鹅翅膀，右手用力拔掉左、右主翼羽和尾羽。

拔羽后必须加强饲养管理，拔羽当天要将鹅圈养在运动场内喂料、饮水、休息，不能让鹅下水，以防毛孔感染引起炎症。第2～3天就可放牧与放水，但要避免烈日曝晒和雨淋。这段时期的日粮搭配要根据公鹅和母鹅羽毛生长速度来调整，如果公鹅羽毛尚未长齐，母鹅却开始产蛋，此时要增加公鹅的精料，不然将影响种蛋的受精率；反之，如果母鹅翼羽生长很慢，就要增加母鹅精料，否则公鹅过早配种，不但浪费精液，而且当母鹅进入产蛋后期时，公鹅已无配种能力，种蛋受精率必然受到影响。

四、种公鹅的饲养

蛋的受精率在相当大的程度上取决于公鹅在种用期的体重。公鹅由于和母鹅多次交配，导致排出的精液数量减少而精液质量变坏。尤其在交配强度高的时期，体重下降更快。因此，除了和母鹅一起采食的饲料以外，从组群开始以后，每天在固定的1小时内将母鹅赶到运动场上，而使公鹅仍留在舍内，补喂配合饲料，任公鹅自由采食。对公鹅补充饲喂直到母鹅产蛋配种结束。

在人工授精的鹅场，在种用期开始前1.5个月左右，对公鹅就要进行种用期标准饲养。种公鹅的日粮标准：每千克饲料中应含有粗蛋白质140克、代谢能11.72兆焦、粗纤维100克、钙16克、磷8克、食盐4克、甲硫氨酸3.5克、胱氨酸2克、赖氨酸6.3克、色氨酸1.6克。每吨饲料中添加维生素A 1000万国际单位、维生素D_3 150万国际单位、维生素E 5克、维生素B_2 3克、烟酸20克、泛酸10克、维生素B_{12} 25毫

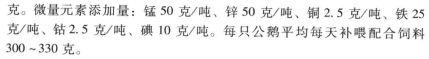

克。微量元素添加量：锰 50 克/吨、锌 50 克/吨、铜 2.5 克/吨、铁 25 克/吨、钴 2.5 克/吨、碘 10 克/吨。每只公鹅平均每天补喂配合饲料 300～330 克。

为了提高种蛋受精率，公鹅和母鹅在秋、冬、春季的两个产蛋周期，每只每昼夜喂给谷物发芽饲料 100 克，胡萝卜、甜菜 250～300 克，优质青干草粉 35～50 克，在春、夏季则供给青绿饲料。

母鹅产蛋后，应立即让公鹅进行交配。交配的适宜时间为产蛋后 0.5 小时内完成。

第四节　育肥鹅的饲养管理

青年鹅饲养后期如不留作种用，则要育肥上市。未经育肥的青年鹅，虽也可以上市，但主要是骨架没有达到最佳体重，胸肌不丰满，屠宰率低，而且肉质较粗，有青草味。进行短期育肥后，肥度增加，肉质改善，可提高养鹅的经济效益。育肥鹅饲养管理的关键是充分喂养，快速育肥，限制活动，减少营养消耗。

一、育肥鹅的饲养方法

（1）放牧育肥　这是广泛使用的也是最为经济的方法。育肥鹅的放牧方法与青年鹅相同，但季节性较强，要与农作物生长季节相联系。例如，春鹅应于清明前捉鹅，正好赶上麦收季节。在稻田放牧的要在稻收割前 60 天捉鹅。放牧育肥鹅的平均体重可增加 0.5～0.75 千克。

（2）舍饲育肥　用木条、竹子等围成鹅舍进行鹅的育肥，适合于放牧条件差的地方和季节，以及集约化饲养。这种方法的生产效益高，育肥均匀度好，但饲养成本高。日粮中玉米占 40%、稻谷占 15%、麦麸占 19%、米糠占 10%。由放牧转变为舍饲要经过 7 天的过渡期。舍饲育肥 15～20 天，体重增加 30%～40% 即可出售。

（3）填饲育肥　将甘薯、碎米、米糠等混合精料或配合饲料加适量水，搓捏成直径为 1～1.5 厘米、长 6 厘米的条状物，等其阴干后，用食指填入鹅的食道中。开始时每天填 3 次，每次 3～4 条，以后逐渐增加到每天 4 次或 5 次，每次 5～6 条。填完后把鹅关在圈内，尽量减少活动，并供给充足饮水。也可将饲料拌成糊粥状，用填料机填入鹅的食道中。填饲育肥还可获得较大的肥肝。

青年鹅育肥到什么程度为好，一般以膘度来确定。检验鹅体的膘度主要有两种方法：一是根据"敏子"的丰满程度确定膘度。"敏子"是指鹅的尾椎与骨盆部连接的凹陷处。检查时如果摸不出凹陷，感到肌肉丰满，说明膘情良好；否则需继续育肥。二是根据体况的丰满程度确定膘度。膘情优的仔鹅，胸部平满，无胸骨凸出，摸不到肋骨，两翅膀下靠近肋骨部肌肉凸出，但柔软不结实，全身肥度稍丰满。

我国大型鹅种在放牧条件下，60日龄公鹅和母鹅活重5.5千克；中型鹅种如浙东白鹅活重可达3.5千克；小型鹅种70日龄活重2.6千克。

二、提高育肥鹅产量和质量的技术措施

（1）合理使用饲料，充分发挥潜能 鹅的增重规律因品种不同而异。例如，狮头鹅在7~9周龄增重最快，日增重达100~112克；太湖鹅绝对增重的高峰在4~6周龄，周平均增重达500克。一般来说，小型早熟品种早期生长较快，绝对增重高峰较早，与大型迟熟品种相差2周龄左右。因此，要根据生长发育规律，充分利用增重高峰期，发挥鹅增重潜力。

（2）喂饲配合饲料，加快肉鹅出栏 我国农村养鹅多以放牧为主，补饲米饭、谷粒和青菜，营养水平较低，饲养期较长，饲料报酬低，经济效益差。如果改喂鹅配合饲料，生产性能将大幅度提高。试验表明，1~28日龄雏鹅饲喂能量、蛋白水平较高的配合饲料（每千克含代谢能11.715兆焦，粗蛋白质含量为18%），日增重比以饲喂米饭和青菜为主的日粮提高17克。

（3）加强本品种选育，提高鹅种品质 本品种选育是提高现有鹅种品质的主要途径。我国鹅种大多还没有经过系统的选育，个体间差异较大，必须进行本品种选育，使有利基因的频率增大，生产性能提高。

（4）开展经济杂交，提高生产效率 首先要进行杂交组合试验，筛选出最好的杂交组合，一般小型品种与小型品种杂交产生不出杂种优势；用大型品种与小型品种杂交，表现出明显的杂种优势。例如，吴江区用安徽雁鹅作为父本，与太湖鹅杂交，后代60日龄重3.2千克，比太湖鹅重1.05千克。

第六章 鹅病防治

第一节 鹅场综合性疾病防治措施

（1）**加强饲养管理，增强鹅群自身抵抗力** 要挑选优良、健壮的种鹅留作种用；合理地调制饲料，做到饲料新鲜，营养成分平衡，每天饲喂定时定量，霉变的饲料不能饲喂，发霉的稻草不能用作垫草，以防产生中毒和曲霉病。鹅群中的病弱残鹅要进行分群隔离，单独饲喂。注意鹅舍光线充足，通风设备良好，经常保持空气新鲜，温度适宜，不能骤然变温；对雏鹅尤其要注意。

（2）**搞好清洁卫生及消毒检疫工作** 养鹅前，先将鹅舍运动场及鹅具洗刷干净，并进行消毒灭菌。鹅舍运动场消毒，用生石灰乳（10~20千克新鲜生石灰加100千克水搅匀），或者2%热烧碱水；用具消毒，可用3%~5%来苏儿溶液，或者用0.5%新洁尔灭溶液。

要严防病源感染鹅群。不准在鹅舍运动场杀病鹅；鹅舍运动场不让人随意出入，要在进出的地方设消毒池，经常换上新鲜石灰。禁止野禽、狗、猫钻进鹅舍及运动场，同时搞好灭鼠和灭蝇工作。对外地购回的鹅只，必须隔离观察1~2周，证明无病者方能合群。病鹅要隔离饲养、治疗，因传染病死亡的鹅要焚烧或深埋，以便切断传染病病源。

（3）**经常检查鹅群的健康情况，及时发现早期病鹅** 每天早晨天刚亮，中午、深夜及两次喂料之间鹅群正处于休息、睡眠中，病鹅容易表现出各种异常动态，易于发现刚发病或轻微病症的病鹅。

（4）**给鹅注射或口服疫苗、菌苗等生物制剂** 增强鹅的抗病力，避免特定疫病的发生和流行。同时，种鹅接种后产生的抗体还可通过受精蛋传给雏鹅，提供保护性的母源抗体。规模化养殖鹅的参考疫苗免疫程序见表6-1。

表 6-1   规模化养殖鹅的参考疫苗免疫程序

日　龄	病　名	疫　苗	接　种	剂量/毫升
1	小鹅瘟	抗小鹅瘟病毒血清或精制抗体	皮下注射或胸肌注射	0.5
7	小鹅瘟	雏鹅用小鹅瘟疫苗	皮下或肌内注射	0.1
14	鹅副黏病毒病	鹅副黏病毒蜂胶灭活疫苗	胸肌注射	0.3~0.5
25	鹅鸭瘟	鸭瘟弱毒疫苗	皮下或肌内注射	0.5
30	禽霍乱与大肠杆菌病	禽霍乱与大肠杆菌病多价蜂胶灭活疫苗	胸肌注射	0.5
90	鹅疫与鹅副黏病毒病	鹅疫—鹅副黏二联油乳剂灭活苗（扬州）	胸肌注射	0.5
160（或开产前 4 周）	小鹅瘟	种鹅用小鹅瘟疫苗	肌内注射	1
170（或开产前 3 周）	鹅疫与鹅副黏病毒病	鹅疫—鹅副黏二联油乳剂灭活苗	肌内注射	1
180（或开产前 2 周）	鹅蛋子瘟	鹅蛋子瘟灭活苗	胸肌注射	1
190（或开产前 1 周）	禽霍乱与大肠杆菌病	禽霍乱与大肠杆菌病多价蜂胶灭活苗	胸肌注射	1~2
280（或开产后 90 天）	小鹅瘟	种鹅用小鹅瘟疫苗	肌内注射	1
290（或开产后 100 天）	鹅疫与鹅副黏病毒病	鹅疫—鹅副黏二联油乳剂灭活苗	肌内注射	1
300（或开产后 110 天）	鹅蛋子瘟	鹅蛋子瘟灭活苗	胸肌注射	1
310（或开产后 120 天）	禽霍乱	禽霍乱蜂胶苗	胸肌注射	1

注：蛋用种鹅的下一个产蛋季节免疫，按 160 日龄以后的程序重复进行。

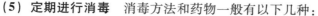

（5）定期进行消毒 消毒方法和药物一般有以下几种：

1）紫外线消毒法。利用太阳光（太阳光中的紫外线有很强的杀菌能力）或紫外线灯杀灭病菌和病毒。将鹅舍的用具、垫草等定期拿到太阳光下曝晒，有条件的利用紫外线灯照射棚舍和鹅体。但紫外线很难透过普通玻璃，所以要打开窗户，让太阳光直接照射。

2）煮沸消毒法。将小型的饲养用具、工作服、注射器等置入沸水中煮 30～60 分钟。

3）火焰消毒法。将鹅粪、被污染的垫草、饲料和杂物等用火焚烧；耐火的食槽、用具等置于火焰上烘烤可杀灭细菌、病毒、寄生虫卵。

4）药物消毒法。可因地制宜选用下列药物：

① 百毒杀。本品为双季胺广谱消毒剂，无毒、无色、无臭、无刺激性，对病毒、细菌、真菌孢子、芽孢及藻类均有强力杀灭作用，可用于饮水、各种器物、周围环境的消毒。市售商品为无色、透明、黏稠液体，常用消毒剂主要成分含量为 50% 和 30%，环境消毒及严重污染场地的消毒按 1：（2000～5000）稀释；饲槽、饮水器、饲养笼具等消毒按 1：（5000～10000）稀释；饮水消毒按 1：（10000～20000）稀释。

② 氢氧化钠（钾）。本品的杀菌作用很强，对部分病毒和细菌芽孢均有效，对寄生虫卵也有杀灭作用，但对机体有腐蚀作用，对铝制品、纺织品等有损坏作用。本品主要用于鹅舍、器具和运输车船的消毒。使用方法及剂量：2% 的氢氧化钠（钾）溶液用于病毒细菌污染的鹅舍、饲槽、运输车船的消毒。但值得注意的是在消毒鹅舍时，应先驱出鹅，隔 12 小时后用水冲洗方可进入。

③ 生石灰。本品为价廉易得的良好消毒药，以氢氧离子起杀菌作用，钙离子与细菌原生质起作用而使蛋白质变性。本品对大多数繁殖型细菌有较强的杀菌作用，但对芽孢及结核杆菌无效，常用于鹅舍墙壁、地面、运动场地、粪池及污水沟等的消毒。使用方法及剂量：常用石灰乳消毒，石灰乳由生石灰加水配成，主要成分含量通常为 10%～20%。石灰乳应现用现配，以防失效。

④ 过氧乙酸。本品宜低温贮藏，有刺激性，对金属制品有腐蚀性，对细菌、芽孢、病毒有杀灭作用。环境、鹅舍、饲槽、水槽、仓库的消毒，以及孵化室的熏蒸消毒常用 3%～5% 的过氧乙酸。

⑤ 来苏儿。本品为褐色油状液体，有特殊臭味，对皮肤刺激性大。场地消毒常用 5% 来苏儿溶液。

⑥ 新洁尔灭。本品对多种革兰氏阳性及阴性细菌有杀灭作用。不能与碘酒、高锰酸钾、升汞及肥皂共用。0.1%新洁尔灭溶液用于鹅舍喷洒及种蛋消毒，0.5%~1%用于饲养工具等的浸泡消毒。

⑦ 高锰酸钾。本品为紫色针状结晶，与甲醛配合可用作熏蒸消毒。为强氧化剂，忌与甘油、糖、碘等合用。不能久存，现用现配。

⑧ 甲醛。市售产品含38%~40%甲醛，本品为无色液体，有刺激性臭味，杀菌力强大，对芽孢、霉菌和病毒也有杀灭作用。常将甲醛溶液加高锰酸钾混合用于熏蒸消毒。配方是：每立方米空间需40%甲醛溶液（即福尔马林）30毫升，高锰酸钾15克。2%福尔马林（0.8%甲醛）用于器械消毒，0.25%~0.5%甲醛溶液常用于鹅舍、孵化室等污染场地的消毒。

⑨ 漂白粉。其中含有效氯25%~30%，饮水消毒时每立方米水加入本品6~10克。饲槽、饮水器消毒常用3%漂白粉溶液，场地及车辆消毒常用10%~20%乳剂喷洒。本品为强氧化剂，不能与金属制品、有色织物接触，对细菌病毒有杀灭作用，高浓度对芽孢有杀灭作用。

第二节 病毒性疾病的防治

一、小鹅瘟

小鹅瘟是对初生雏鹅危害性最大的急性败血性传染病，是发展养鹅生产的大敌。

【病原】 小鹅瘟病毒存在于病鹅的肝脏、脾脏、心脏、脑、肠管及内容物中，能在12~14日龄的鹅胚绒毛尿囊膜上或绒毛尿囊腔内生长，经5~7天可使鹅胚死亡并产生病变。

【流行特点】 小鹅瘟绝大多数发生于雏鹅，多为7~20日龄，最小为3日龄，最大为73日龄，5~15日龄雏鹅高发，发病率和死亡率在90%以上。15日龄以上雏鹅的病情比较缓和，有半数可能康复。

在同一地区，流行有一定的周期性，一般在大流行后的2~3年不会再次流行，可能是耐过的种鹅能产生坚强的免疫力，并通过母源抗体使雏鹅形成被动免疫。

本病主要由带病毒的成年鹅或患病雏鹅的粪便、分泌物等污染饲料、饮水、饲养工具，健康鹅通过采食，经消化道而感染。

【临床症状】 本病的潜伏期为3~5天，根据临床症状和病程长短

可分为最急性型、急性型和亚急性型 3 种病型。

（1）最急性型 常发生于 1 周龄以内的雏鹅，一般无前驱症状而突然死亡。

（2）急性型 发生于 1 周龄以上至 15 日龄以内的雏鹅，病鹅表现精神萎靡，体温升高 42℃ 以上；食欲不振；闭目呆立，不断甩头，鼻液四溅；羽毛松乱，缩颈，步行踉跄，卧地不起；腹泻，粪便如米泔水，黄白色或绿色，并混有气泡和伪膜。多数病鹅在濒死前出现头部弯曲、全身抽搐、瘫痪等神经症状。多数病鹅于 1～2 天死亡。

（3）亚急性型 多发生于流行后期，主要表现为精神委顿，缩头垂翅，拒食，消瘦，腹泻，少数病例可排出条状香肠样、表面有纤维素性伪膜的硬性粪便。病程 3～7 天或更长，少数病鹅可自行康复，但生长迟缓。

【剖检病变】 死于急性型的雏鹅，肠道常有特征性病变，在小肠中段和下段，特别在靠近卵黄囊柄和回盲部的肠腔内有 1～2 处膨大，体积比正常的肠段增大 2～3 倍，质地坚实形如"香肠"。将膨大部分的肠壁剪开，见肠腔内充塞着一种灰白色或浅黄色的凝固的蜡状栓子，质硬而脆，将肠腔完全堵塞

【防治】 本病用抗生素、磺胺类及中草药等治疗均无实际效果，唯一有效的防治办法是免疫接种。具体方法如下：

1）小鹅瘟疫苗注射：每年产蛋前 1 个月，对产蛋母鹅注射 1 毫升稀释 100 倍的小鹅瘟疫苗，再过 10～14 天后，产下的蛋孵化出的雏鹅有坚强的免疫力，免疫力为 6 个月。

2）对病雏鹅群，立即用"抗小鹅瘟血清"进行紧急防治。具体方法为：发病雏鹅每只背部皮下注射血清 0.8 毫升，疗效显著；对未发病的雏鹅，每只背部皮下注射 0.3～0.5 毫升，保护率可达 95% 以上。

3）每次孵化前后，对孵化室中的一切用具及使用后的设备必须进行清洗消毒。

4）鹅卵黄抗体防治小鹅瘟。据报道，山东省滕州市畜牧兽医技术服务中心成功研制出防治小鹅瘟的鹅卵黄抗体制剂，填补了我国禽病免疫和防治上的一项空白。经抗自然感染、攻毒效应试验，该制剂对雏鹅的保护率为 100%。利用该制剂对 33.4 万只雏鹅 1 次皮下注射 0.7～1.0 毫升，30 日龄内雏鹅的育成率达 90% 以上。

二、鹅副黏病毒病

【病原】 鹅副黏病毒广泛存在于病鹅的肝脏、脾脏、肠管等器官内。在电子显微镜下观察，病毒颗粒大小不一，形态不正，表面有密集的纤突结构，病毒内部由囊膜包裹着螺旋对称的核衣壳。病毒颗粒的平均直径为120微米。

【流行特点】 各种年龄的鹅均有易感性，年龄越小发病率越高，对10日龄以内的雏鹅具有高度的致死性，感染后其发病率和死亡率可高达100%。本病一年四季均可发生，常引起地方性流行。

【临床症状】 本病潜伏期为3~5天，病鹅拉灰白色稀粪，病情加重后粪便呈暗红色、黄色、绿色或墨绿色。病鹅常蹲地，不愿下水，后期表现扭颈、转圈、仰头等神经症状。

【剖检病变】 病鹅皮肤瘀血，肝脏肿大，质地较硬，出现大小不一的坏死灶；心肌变性；食道黏膜特别是下端有散在性芝麻大小、灰白色或浅黄色结痂，易剥离，剥离后可见斑点或溃疡；部分病例腺胃及肌胃充血、出血；十二指肠、空肠或回肠黏膜有散在性或纤维素性结痂；直肠黏膜和泄殖腔黏膜有弥漫性大小不一、浅黄色或灰白色纤维素性结痂。

【防治】 对于本病目前尚无特效的药物治疗。紧急接种鹅副黏病毒油乳剂灭活苗，可以控制本病的发生和流行。发病鹅立即用副黏病毒血清肌内注射，每只鹅注射2毫升，并全群喂服多维抗菌药物，以提高抵抗力。

由于鹅副黏病毒与鸡的新城疫病毒是同类病毒的不同毒株，二者之间均具有高度互感性和高致死率，因此，不要把鹅和鸡混养。鹅场周围禁止养鸡，并尽量远离鸡。

三、鹅鸭瘟病

鹅鸭瘟病是鹅的一种急性败血性传染病。

【病原】 鸭瘟病毒属于疱疹病毒，该病毒存在于病鸭的各个内脏器官、血液、分泌物和排泄物中，一般认为肝脏、脾脏和脑的病毒含量最高。该病毒能够在9~14日龄发育鸭胚的绒毛尿囊膜上生长繁殖，也能在发育的鸡胚、鹅胚及鸭胚或纤维细胞上繁殖，并产生细胞病变。病毒对热、干燥和普通消毒药都很敏感，在56℃环境中10分钟就被杀死。

【流行特点】 任何品种和性别的鹅对鸭瘟都有较高的易感性。而1月龄以下的雏鹅发病较少。本病一年四季均可发生。鸭瘟主要通过消化道传染，但也可通过呼吸道、交配和眼结膜传染。

【临床症状】 潜伏期为 3～5 天，病鹅精神委顿，缩颈垂翅，食欲减少或废绝，渴欲增加，体温升高达 43℃ 以上，高热稽留；呼吸困难，叫声嘶哑，下痢，排出灰白色或绿色稀粪，泄殖腔黏膜充血、出血、水肿。病鹅不愿下水，行动困难甚至伏地不移动。发病后期体温下降，病鹅极度衰弱而死亡。

【剖检病变】 食道黏膜的病变具有特征性。外观有纵行排列的灰黄色伪膜覆盖或散在的出血点。有时腺胃与食道膨大部的交界处或与肌胃的交界处常见灰黄色坏死带或出血带。整个肠道发生急性卡他性炎症。肝脏早期有出血斑点，后期出现大小不等的灰黄色坏死灶。产蛋母鹅的卵巢也有明显病变，卵泡充血、出血或整个卵泡变成暗红色。

【预防】 不与发生鸭瘟的鸭、鹅接触。发现感染鸭瘟的病鹅后停止放牧，立即隔离和做好日常的清洁卫生、消毒工作。在日粮中注意添加多维素和矿物质，以增强机体的抗病力。

【防治】 本病用药物治疗无效。对未出现病状的鹅群，可用鸭瘟鸡胚化弱毒疫苗做预防注射，剂量可按鸭免疫剂量的 5～10 倍。对已出现病例的鹅群，也可用鸭瘟疫苗做紧急预防接种（1 只鹅要换 1 个针头），剂量为鸭免疫剂量的 20 倍，经 15～20 天可以基本控制疫情。

四、禽流感

【病原】 A 型流感病毒有 10 多种血清型。禽流感病毒对乙醚、氯仿、丙酮等有机溶剂敏感，不耐热，常用的消毒药能将其灭活。

【流行特点】 鹅、鸡、火鸡、鸽、鹌鹑等家禽都能自然感染禽流感。在自然条件下，A 型流感病毒存在于禽类的鼻腔分泌物和粪便中；由于受到有机物的保护，病毒具有极强的抵抗力。据有关资料记载，粪便中病毒的传染性在 4℃ 可保持 30～35 天之久，20℃ 病毒可存活 7 天，在羽毛中可存活 18 天，在干骨头或组织中可存活数周，在冷冻的禽肉和骨髓中可存活 10 个月。

【临床症状】 本病的潜伏期长短不一，从数小时至 2～3 天。就水禽而言，有些鹅患病后看不到任何明显症状，很快死亡，但多数病鹅呈现呼吸道症状，叫声嘶哑，常摇头，张口呼吸。而产蛋母鹅主要表现为食欲不振，下痢，产蛋率下降。

【剖检病变】 剖检可见病死鹅鼻腔和眶下窦充有浆液或黏液性分泌

物。慢性病例的窦腔内见有干酪样分泌物，鼻腔、喉头及气管黏膜充血，气囊混浊，轻度水肿，呈纤维素性气囊炎。剖检成年母鹅可见腺胃黏膜和肠黏膜出血，卵子变性，卵膜充血、出血，严重的可见卵黄破裂，产生卵黄性腹膜炎，输卵管内有凝固的卵黄蛋白碎片。

【防治】

1）加强检疫，严防高致病性流感病毒的传入，同时对野鸟的带毒情况予以高度重视。

2）平时应加强幼鹅的饲养管理，注意鹅舍的通风情况、温度、湿度及鹅群的饲养密度，以提高机体的抵抗力。

3）对高致病性禽流感的控制措施主要包括：早期诊断、划定疫区、严格封锁、扑杀受到 HPAIV（高致病性禽流感病毒）感染的所有禽类，对疫区可能受到 HPAIV 污染的场所进行彻底的消毒等。

4）本病尚无特异性治疗方法，应用盐酸金刚烷胺混饲或饮水可降低其死亡率。有研究单位试用禽流感灭活苗，种鹅每年注射 2~3 次，每次 1 只份，雏鹅于 6~7 日龄注射 1 次，具有一定的保护作用。

第三节 细菌性疾病的防治

一、禽霍乱

【病原】 多杀性巴氏杆菌有 16 种血清型，其中有 4 种血清型与禽霍乱有关。该菌对理化因子的抵抗力较弱，在 5% 石灰乳、1%~2% 漂白粉、3%~5% 甲酚皂溶液中经数分钟即被杀死，60℃ 10 分钟即可灭活；在直射日光下很快死亡；在干燥空气中可存活 2~3 天；在血液、分泌液和排泄物中能存活 6~10 天；在腐败尸体中则能存活 3 个月。

【流行特点】 本病常为散发性，间或地方性流行。对各种家禽和野禽都能感染。不同年龄鹅都能感染，性成熟后开始产蛋的鹅较易感。一年四季都能发病。

本病的主要传染来源是带菌的家禽。病禽的排泄物、分泌物中含有大量病菌，污染饲料、饮水、用具和场地，从而散播。其他如人、飞禽（麻雀、鸽）、犬、猫等都能够机械带菌；苍蝇、蝉、螨等也是传播本病的一个重要媒介。本病一般经由消化道和呼吸道传染，另外，皮肤伤口也是传染途径。

【临床症状】 本病的潜伏期为 2~9 天，根据病程长短可分为 3 种病型。

（1）最急性型　常发生在刚开始暴发阶段。有的病鹅无前期症状，晚上吃食正常，第二天早上发现已经死于鹅舍内。有的鹅在放牧中突然倒地，迅速死亡。通常都是健壮或高产的鹅最易发生本病型的禽霍乱。

（2）急性型　病鹅精神委顿，离群独处，头隐于翅下，打瞌睡，不下水嬉戏，不食或少食，体温升高至 42.3 ~ 43℃，口渴，由鼻和口中流出黏液，呼吸困难，张口伸颈，常摇头，欲将蓄积在喉部的黏液排出，故也称本病为"摇头瘟"。病鹅剧烈下痢，排出绿色、灰白色或浅绿色的稀粪，恶臭。病鹅往往发生瘫痪，不能行走，喙和蹼明显发紫。通常都在显现症状的 1 ~ 2 天死亡。

（3）慢性型　病鹅主要表现为持续性下痢，消瘦，后期常见一侧关节肿大，化脓，精神不佳，食量小或仅饮水，驱赶出现跛行，部分病例还表现出呼吸道炎，鼻腔中流出浆液性或黏性分泌物，呼吸不畅；贫血，肉瘤苍白，病程可持续 1 个月以上，最后因失去生产能力而淘汰。

【剖检病变】　最急性型死亡病例，体表检查只见眼结膜充血、发绀，剖检特征是浆膜小点状出血，肝脏表面有很细微的黄白色坏死灶。

【预防】　平时对未发病鹅采取如下预防措施：

1）常发病地区可用禽霍乱氢氧化铝甲醛苗和禽霍乱弱毒疫苗进行预防接种。禽霍乱氢氧化铝甲醛苗，对 2 月龄以上者，每次肌内注射 2 毫升，第 1 次注射后 8 ~ 10 天再注射 1 次，免疫力较好。禽霍乱弱毒疫苗，现在应用的有 1560F。菌苗，肌内注射 1 毫升（约 10 亿个活菌），7 天后产生免疫力，免疫期可达 6 个月。

2）已发现病鹅的鹅场，或者鹅场周围家禽已有发病的，应立即用禽出败猪体免疫血清进行紧急预防（每千克体重 2 毫升）；若当地一时找不到这种免疫血清，可以选用下面治疗处方中的一种药物做紧急预防（连用 3 ~ 5 天为 1 个疗程）。

3）对病鹅接触过的鹅舍、场地及用具，应用 20% 生石灰溶液或 20% ~ 30% 草木灰溶液进行全面消毒，并严格处理病死禽尸体、羽毛（火烧或深埋），以防止病菌扩散。

【治疗】　本病治疗的药物方剂较多，现将成本低、疗效高、使用方便的几种药物介绍如下：

（1）喹乙醇　按每千克体重 20 ~ 30 毫克的剂量一次投服，即可治愈。该药物具有用量少、杀菌力强、疗效高而可靠的特点，但应严格控制用量。

（2）抗菌增效剂（TMP）与磺胺-5-甲氧嘧啶 按1:5的比例配合，并按0.04%的比例拌入饲料内，供大群鹅自行采食。这是一种适用于大群鹅场（户）防治本病的简便办法。

（3）磺胺类药物 磺胺二甲基嘧啶、长效磺胺、磺胺脒等分别按每千克体重0.2~0.5克，口服或按0.4%的比例拌入饲料内喂服，每天2次，连喂3~5天，均有疗效。

（4）抗生素类药物 ①青霉素乳剂：每只肌内注射4万~10万国际单位，每天1次，连用3~4天。②链霉素注射液：每只胸肌注射4万国际单位，每天2次，连用3~4天。③氯霉素注射液：每只肌内注射40~60毫克或口服0.05~0.1克，每天1次，连用2~3天，疗效比青霉素、链霉素好。④土霉素：农家少量散养鹅，每只可口服0.2~0.3克；专业大户大群鹅可按0.05%~0.1%的比例拌入饲料内饲喂，连服5~7天。为防止上述抗菌药物长期使用会产生抗药性，各种药物应根据使用效果及时更换或交替使用。此外，庆大霉素、多西环素（强力霉素）等对本病均有疗效。

（5）诺氟沙星（氟哌酸） 按每千克饲料添加200毫克，连续饲喂7天。

（6）禽出败猪体免疫血清或其他禽出败高免血清 每千克体重2~4毫升，皮下或肌内注射，一般1次即可见效，必要时注射2次。

（7）中药 穿心莲10克、生姜3克、大蒜5克、老鼠屎2克、蟑螂屎2克、冰片3克，共研末，拌陈年菜油脚，制作成绿豆大小，用温开水冲服。上药为成年鹅5只、中鹅8只、雏鹅12只的1次剂量。每天灌服2次，连服4天。早期治疗效果较好，疗效达60%以上。

二、鹅副伤寒

【病原】 沙门氏菌属的细菌种类很多。引起鹅副伤寒的沙门氏菌主要是鼠伤寒沙门氏菌、肠炎沙门氏菌等。沙门氏菌的抵抗力不是很强，60℃时10分钟即死亡。而病原菌在土壤、粪便和水中生存时间较长，土壤中的鼠伤寒沙门氏菌至少可生存280天。一般消毒药都能很快将其杀死。

【流行特点】 本病在鸡、火鸡、珍珠鸡、野鸡、鹌鹑、孔雀等雉科禽类，鸭、鹅等游禽类，鸽、麻雀、芙蓉鸟等鸣禽类，以及属于不同科属的野禽均可感染，并能互相传染，也会传染给人类，是一种主要的人畜共患病。本菌为条件性的病原菌，在不洁的饮水、饲料，甚至在健康鹅的消化道或呼吸道中都有存在。当机体抵抗力降低、环境诱因变大、其他疾病并发时，就造成发病、流行。

【临床症状】 雏鹅 1～3 周易感性强，表现为精神不振，食欲减退或消失，口渴，喘气，呆立，头下垂，眼闭，眼睑浮肿，两翅下垂，结膜发炎，鼻流浆液性分泌物，羽毛蓬乱，关节肿胀疼痛而跛行，排粥状或水样稀粪，肛周粪污干涸后，阻塞肛门，使病鹅排便困难。

【剖检病变】 肝肿大，充血，肝实质有黄白色针尖大的坏死灶；肠道有出血性炎症，其中以十二指肠较为严重，肠淋巴细胞肿大；脾脏肿大，伴有出血条纹或小点坏死灶；胆囊肿胀并充满大量胆汁；心包炎，心包内积有浆液性纤维素渗出物；盲肠内有干酪样物质形成栓塞。

【防治】 预防本病最主要的方法是保持种鹅健康，慢性病鹅必须淘汰。孵化前对种蛋和孵化器进行严格消毒，雏鹅与成年鹅分开饲养，并做好卫生消毒及饲养管理工作。对发病鹅群进行药物治疗和预防，如使用诺氟沙星（氟哌酸）、多西环素（强力霉素）进行防治，按每千克饲料加 100 毫克拌料饲喂。严重的可结合注射庆大霉素，20 日龄的雏鹅每只肌内注射 3000～5000 国际单位，连续 3～5 天，可使疾病得到控制。

三、鹅蛋子瘟

鹅蛋子瘟又称卵黄性腹膜炎，是由大肠杆菌引起的产蛋母鹅比较常见的一种细菌性传染病。

【病原】 本病的病原是某些致病血清型大肠杆菌，常见的有 O_2K_{89}、O_2K_1、O_7K_1、$O_{141}K_{85}$、O_{39} 等血清型。本菌在自然界分布甚广，在污染的土壤、垫草、禽舍内等处均可发现病原菌，从病鹅的变形卵子和腹腔渗出物中，以及在发病鹅群的公鹅外生殖器官病灶中都可以分离出本菌，一般常用消毒剂可以将其杀死。

【流行特点】 本病常在产蛋母鹅中流行，一般是产蛋初期零星发生，产蛋高峰期发病最多，产蛋停止本病也停止。本病流行后，常造成母鹅群成批死亡，死亡率在 10% 以上。公鹅也会感染本病，并通过配种传染，这是一条主要的传染渠道。

【临床症状】 病初，首先在产蛋的母鹅群内发现软壳蛋与薄壳蛋，产蛋量下降。病鹅精神呆滞，不愿行动，常离群，食欲减退。仔细检查，可见病鹅的肛门周围覆着发臭的排泄物，排泄物中混有蛋清及凝固样的蛋白或蛋黄小块。后期，病鹅由于并发腹膜炎，病情加剧，体温升高，食欲消失，羽毛干燥无光泽，眼球凹陷，精神极度不振，鹅体逐步消瘦，最后可因饥饿失水、衰竭而死。病程达1周左右，若不及时防治，可引起鹅大批死亡。母鹅发病率为20%，死亡率一般为11.27%。

【剖检病变】　主要病变是生殖系统，卵子皱缩为瓣状，卵膜薄而易破，卵黄变成灰色、褐色或酱色。腹腔中充满浅黄色腥臭的液体和卵黄。肠系膜炎症，肠道互相粘连。输卵管、子宫发炎、出血。

【预防】

1）对有发病史的种鹅场（户），可采用鹅蛋子瘟氢氧化铝甲醛灭菌苗进行预防注射。每只成年母鹅每次胸肌注射1毫升，每年1次。

2）如果当地缺少这种预防疫苗，可在母鹅开始产蛋后喂服呋喃唑酮，每只母鹅每天给药15～20毫克，连喂2～3天，每月至少1次，3个月后停喂。

3）要经常保持鹅舍内外环境和垫草清洁干燥，饮水要卫生，定期进行消毒。放水的水面和上岸的坡度不能大，要筑成坡度很小且逐渐上升的斜坡，否则产蛋鹅每次上岸都要挣扎跳跃，腹腔里的蛋容易破裂，感染上细菌后就易发病。

4）检查公鹅外生殖器官，发现有病变的一律淘汰不留作种用，以杜绝本病的传播。有条件的鹅场最好采用人工授精，避免公鹅与母鹅直接交配。

【治疗】

1）在母鹅开产后，可反复应用呋喃唑酮（痢特灵），每只每天15～20毫克拌料内服，连服2～3天。每月喂1个疗程，连续3个月。也可每周给药1次，每次1天，连用3个月，安全度过产蛋期。

2）每只母鹅肌内注射庆大霉素4万～8万国际单位，每天1～2次，连用3天。

3）每只母鹅胸肌注射卡那霉素或链霉素10万～20万国际单位，每天1～2次，连注3天。

第四节　真菌病及其他疾病的防治

一、曲霉菌病

【病原】　主要病原是烟曲霉，还有黄曲霉、黑曲霉、青曲霉等也有不同程度的致病性。烟曲霉等可产生毒素，具有对血液、神经和组织的毒害作用。禽类感染曲霉菌造成死亡的原因：一方面是曲霉菌的大量繁殖，使禽类形成呼吸道机械性阻塞，引起禽只窒息而死；另一方面则是禽只吸收了曲霉菌的毒素引起中毒死亡。

曲霉菌的孢子抵抗力很强，煮沸后5分钟才能将其杀死。常用的消毒剂有5%甲醛溶液，以及苯酚溶液和含氯消毒剂。

【流行特点】 各种家禽和野生禽类对曲霉菌都具有易感性，水禽主要是2周龄以下的雏鸭、雏鹅最容易发生感染，常呈急性暴发，死亡率可达50%以上。成年鹅较少发生。

污染的垫草、垫料和发霉的饲料是引起本病流行的主要传染源，其中可含有大量的曲霉菌孢子。病菌主要通过呼吸道传播。此外，本病的传播也可经污染的孵化器或孵化室，雏鹅出雏后1日龄即可患病，出现呼吸道症状。

【临床症状】 潜伏期为2~10天，急性病例发病后2~3天死亡。病雏食欲减少或废绝，体温升高，口渴增加，精神不振，眼半闭，缩头垂翅，呼吸急速，鼻腔常流出浆液性分泌物。病雏常出现腹泻，迅速消瘦，处于麻痹状态而死亡。

【剖检病变】 肺脏和气囊的病变最为常见。急性死亡的病例可见肺脏和气囊有数量不等的浅黄色或灰白色霉菌结节。多数病例肠道黏膜呈卡他性炎症。

【预防】 预防本病最需注意的是不能饲喂发霉的饲料，不能用发霉的草作为褥草。饲养用具必须经常清洗干净并在阳光下晒干。鹅舍要保持干燥，通风良好，严防潮湿，杜绝霉菌的生长。鹅舍内定期用福尔马林或硫黄消毒。

【治疗】

（1）**克霉唑** 每只雏鹅用150毫克，分3次内服，连用3~4天。克霉唑毒性低，内服易吸收，对深部霉菌有较好的疗效。

（2）**制霉菌素** 每只雏鹅每天拌入饲料内喂3~5毫克，连喂3~5天，可治疗。

（3）**碘化钾** 口服，每升饮水加碘化钾5~10克或以1：3000的硫酸铜溶液供饮水用，连服3~5天，有一定疗效。

（4）**中药** 鱼腥草100克、蒲公英50克、筋骨草25克、桔梗25克、山海螺50克，煎汁饮服。以上药量可供100只10~20日龄幼鹅一天服用量，连服 2 周。或者用肺形草 50 克、鱼腥草 80 克、蒲公英 25 克、筋骨草 15 克、桔梗 25 克、山海螺 25 克，煎服。

二、鹅口疮

【病原】 白色念珠菌是一种类酵母菌，广泛存在于自然界，在健康鹅的口腔、上呼吸道和肠道等处寄居。

【流行特点】 本病主要发生于幼鹅，通过消化道感染。

【临床症状】 病鹅生长发育不良，精神委顿，缩头垂翅，羽毛松乱，食欲减退，怕冷，气喘、呼吸困难，叫声嘶哑，常腹泻，终因营养障碍衰竭死亡。

【剖检病变】 肌体消瘦，鼻腔有分泌物，口腔黏膜有乳白色伪膜。成年鹅口腔外部嘴角周围形成黄白色伪膜，呈典型的"鹅口疮"。

【防治】 加强饲养管理，搞好清洁卫生，鹅舍通风良好，保持环境干燥，控制饲养密度，避免拥挤，以及避免长期使用抗菌药，防止消化道正常菌群破坏，引起二重感染。育雏期间应增加多种维生素。

药物防治可采用制霉菌素、克霉唑，拌料喂服或用硫酸铜饮水。剂量同曲霉菌病的防治。

第五节 寄生虫病的防治

一、剑带绦虫病

【病原】 矛形剑带绦虫成虫长达 13 厘米、宽 18 毫米，顶突上有 8 个钩，排成单列，寄生在鹅的小肠内，孕卵节片随粪排出体外，孕卵节片崩解后，虫卵散出。虫卵如果落入水中被剑水蚤吞食，虫卵内的幼虫就会在其体内逐渐发育成似囊尾蚴，鹅吃到了这种体内含有似囊尾蚴的剑水蚤后，便会发生感染。

【临床症状】 绦虫对鹅的危害主要是吸取营养、产生毒素和机械刺激三大方面。鹅感染后出现消化不良，食欲不振，渴感增加，粪便稀臭，先呈浅绿色，后变浅灰色，时有血便，混有黏液，含有长短不等的虫体孕卵节片；幼鹅发育受阻，消瘦，离群，呆立瞌睡。病鹅常出现神经症状，如步态不稳，运动时尾部着地并歪颈仰头，背卧或侧卧时两脚划动，多次反复发作，机体极度消瘦而死亡。

【剖检病变】 可见有大量寄生绦虫堵塞肠道。绦虫吸附在肠壁上，使肠黏膜受损伤，引起出血、炎症，造成肠壁生成一种灰黄色的结节。

【防治】

1）消灭水中剑水蚤、蜗牛等中间宿主。及时清理粪便并进行发酵灭虫处理。各龄鹅分开饲养。

2）成年鹅每年进行 1~2 次预防性驱虫。幼鹅、中鹅放牧 20 天后全群驱虫 1 次。

3）内服吡喹酮，按每千克体重用药 10 毫克内服。

4）硫双二氯酚（硫氯酚），按每千克体重 150 毫克内服。

5）槟榔煎剂，按每千克体重 0.5~0.75 克用药。煎剂的方法：用槟榔粉 50 克，加水 1000 毫升，煎成 750 毫升的槟榔液去渣待用。这样，每克槟榔约煎汁 15 毫升。投服方法：用小胶管插入鹅食管灌服。

6）氯硝柳胺又名灭绦灵，每千克体重 50~65 毫克拌料 1 次内服。

二、交合线虫病

【病原】 斯克里雅宾比翼线虫，雄虫长 3~5 毫米，雌虫长 12~22 毫米，雄虫经过一次交配后就永远固着在雌虫阴门处，两者交合在一起形成"Y"形。

【生活史】 虫体在鹅的气管或支气管内产卵，卵随痰液及黏液一起进入鹅的口腔，当鹅吞咽时进入消化道，以后随粪便排出体外。在适宜的温度下，卵发育成侵袭性虫卵，此种虫卵若被鹅吞食则重新感染。幼虫钻入肠内血管，随血流流到肺脏，幼虫在肺泡蜕皮 2 次，而后经支气管到气管，再过 3~7 天变成成虫，整个生活史需要 17~20 天。鹅对本虫最敏感，尤其雏鹅最易感染，其症状明显，死亡率高。

【临床症状】 病鹅表现为呼吸困难，伸颈张口呼吸。咳嗽前先抖颤而摇头，咳出黏稠的分泌物，其中有的含数个虫体，口内充有泡沫性的唾液，最后窒息而死。有的病程较长，因消瘦、衰弱、贫血而死。

【预防】 运动场上不宜堆积粪便和其他腐败有机物质；及时隔离病鹅，病情严重者一律捕杀，切勿姑息。将病鹅的颈部、呼吸器官及消化器官施行烧毁；将雏鹅与成年鹅分开饲养，粪便及时清扫，使虫卵还未达到感染期就被清除掉；定期驱虫。

【治疗】

（1）5%水杨酸钠 雏鹅每只 0.5~3 毫升，经气管或声门裂向气管内注射。

（2）碘溶液 将碘片 1 克和碘化钾 1.5 克溶于 200 毫升蒸馏水内。

剂量：雏鹅每只 0.5 ~ 1 毫升，中鹅每只 1 ~ 2 毫升，成年鹅每只 2 ~ 3 毫升，经声门裂向气管内注射。

（3）苯并咪唑类 用含 0.05% ~ 0.5% 噻苯达唑的糖料饲喂 3 ~ 14 天，可见疗效。

施药后 2 ~ 3 天，粪便中含有大量虫卵，应收集起来火烧处理。

三、鹅球虫病

【病原】 寄生于鹅体内的常见球虫有 10 种，其中艾美尔属 8 种，泰泽属 2 种，另有肾型球虫感染。球虫寄生在上皮细胞内，发育到一定阶段形成卵囊进入肠道，随粪排出体外，在鹅粪中见到的为球虫的卵囊，呈圆形或椭圆形。

【流行特点】 鹅球虫病通过被病鹅或带虫鹅粪便污染的饲料、饮水、土壤或用具等传播，饲养管理人员和各种昆虫也可能成为球虫卵囊的机械性传播者。

【临床症状】 病鹅消瘦，精神委顿，缩头，喜卧，强行运动时步态不稳，食欲减退或废绝；有渴感，排粥样血粪或灰白色稀便，多于病后 1 ~ 3 天死亡，个别濒死前出现抽搐、瘫痪等神经症状。

【剖检病变】 病鹅主要病变在消化道。尸体消瘦，黏膜苍白或发绀，泄殖腔周围羽毛被粪血污染，急性者呈严重的出血性卡他性炎症；肠黏膜增厚、出血、糜烂，在回盲段和直肠中段的肠黏膜具有糠麸样的伪膜覆盖，肠黏膜上有溢血点和球虫结节，肠腔内有暗红色凝血块。

【防治】 鹅舍保持清洁干燥，勤换垫草，将粪便及时清除并堆积发酵进行无害化处理。幼鹅与成年鹅分开饲养，不在低洼潮湿及被球虫污染地带放牧。

抗球虫药：球痢灵，每千克饲料中加入 125 毫克，连喂 3 ~ 5 天；氯苯胍，每千克饲料中加入 100 毫克，连用 10 天；球虫净，每千克饲料中加入 125 毫克，供预防用。

第六节 中毒病的防治

中毒病中最常见的是有机磷中毒。

鹅在放牧时误食施用过敌百虫、敌敌畏、对硫磷、乐果、马拉松等农药的草料后而引起中毒。用敌百虫等驱除外寄生虫时用量过大也易引起中毒。

【临床症状】　精神不安，瞳孔缩小，食欲废绝，口吐白沫，流眼泪、鼻涕并流涎，频频排尿，继而张口呼吸，后期体温下降，两肢麻痹，窒息倒地抽搐而死。

【剖检病变】　胃肠有不同程度炎症，黏膜出血、脱落和不同程度溃疡，内容物有大蒜味；肝脏和肾脏肿大，质地变脆。

【预防】　有机磷农药的保管、贮存和使用必须注意安全，在鹅场附近禁止存放这类药物；刚喷洒过农药的农田及附近的池塘、水沟要禁止放牧，隔一定时间后才可放牧；被农药喷洒过的蔬菜，未经 1 周的雨露及彻底洗涤干净，不能作为喂鹅的饲料。

【治疗】

1) 立即用阿托品肌内注射，每只 0.5 毫克，同时应用胆碱酯酶复活剂——解磷定或氯磷定，每只肌内注射。

2) 用 1% 硫酸铜或 0.1% 高锰酸钾溶液 2~10 毫升灌服，对于经口食入有机磷农药的治疗也有效。

3) 一把空心菜洗净，加适量的红糖捣烂，榨出汁，每只鹅服一小杯，轻者服用 1 次，重者 2~3 次，效果很好。

第七节　普通病的防治

一、鹅软脚病

【病因】　育雏舍寒冷潮湿，舍内缺乏阳光，运动不足，鹅群密度过大，拥挤；日粮营养不全，饲料单纯，多喂淀粉质及酸败饲料，缺乏矿物质，尤其是钙磷比例不恰当，缺乏维生素 D，都易发生本病。

【临床症状】　病初两脚发软无力，不会行走，常卧地不起。病鹅移动时跗关节触地，甚至两翼支撑着地，因而容易磨损发炎、肿大增厚而形成关节畸形。

【防治】

1) 加强运动和光照。

2) 喂鱼肝油和钙片即可，鱼肝油每次 2~4 滴；用维生素 D 每只内服 15000 国际单位，肌内注射 4 万国际单位也有较好效果。

二、中暑

【病因】　炎热的夏季，温度高、湿度大，通风不良，饲养密度大，长途驱赶，再加上饮水不足，易发热射病；鹅长时间放牧于烈日下，易发日射病。

【临床症状】 病鹅呼吸急促，张口伸颈喘气，翅膀张开下垂，口渴，体温升高，颤抖，痉挛，倒地昏迷，有神经症状，出现大群或部分死亡。

【剖检病变】 大脑和脑膜充血、出血，全身静脉瘀滞，血液凝固不良，尸冷缓慢。

【防治】 夏季放牧要早出晚归，避开中午的酷热，驱赶缓慢，多走林荫道。在闷热低气压的阴雨天要减少放牧。鹅舍要通风，运动场要有遮阳棚，饮水要充足。经常让鹅沐冷水浴降温。

1）口服十滴水 8~10 滴，肌内注射安钠咖或樟脑注射液 0.2 毫升。

2）每只鹅服人丹 1 粒。也可用香薷、甘草、柴胡各 150 克，黄芩、黄连、当归、连翘、花粉、栀子各 100 克，熬水灌服 1000 只鹅。或者用白头翁 50 克、绿豆 25 克、甘草 25 克、红糖 100 克煮水喂服或拌料喂服 100 只幼鹅（成年鹅药量要加倍）。

3）有明显神经症状的，可用 2.5% 氯丙嗪 0.5~1.0 毫升肌内注射，或口服三溴合剂（每次 1 克）镇静。

三、脚趾脓肿

【病因】 脚趾脓肿又叫趾瘤病，是由于鹅脚趾底部及周围组织受到机械性损伤、局部细菌感染而形成的。体型大的鹅容易发生本病。运动场地粗糙、坚硬，放牧时经过有大量石砾的地方，都容易引起脚趾皮肤的损伤，因化脓菌感染而发生脚趾脓肿。

【临床症状】 病鹅脚底化脓肿胀，有的黄豆粒大，有的鸽蛋大。有的炎症蔓延到脚趾间组织、关节和腱鞘。在脓肿部位的组织中，蓄积炎性渗出物及坏死组织，经过一定时间，脓肿逐渐干燥，变成干酪样。也有的脓肿溃烂后形成溃疡面，使病鹅行走困难，影响食欲，造成母鹅产蛋下降或停止。

【防治】 鹅舍和运动场的地面应铺平，放牧时应选择平坦的道路。早期病例可采用手术治疗，即切开病部排脓，用 1%~2% 雷佛奴耳液冲洗，撒入土霉素粉，停止放牧，关养在干净的鹅舍内，每天换药 1 次，7 天左右可痊愈。

第七章 鹅肥肝生产技术

随着水禽生产的发展，自20世纪80年代以来，水禽业出现了一种新型的畜产品，即当今国际食品市场上既珍贵又畅销的营养食品——鹅、鸭肥肝。

第一节 生产鹅肥肝的条件及品种

一、鹅肥肝的营养价值

鹅肥肝由于是人工利用高能饲料强制填肥产生的，因而其与正常肝脏的化学成分有所不同，脂肪含量高，蛋白质含量低（表7-1）。

表7-1 鹅肥肝与正常肝的营养成分比较

名称	水分（%）	蛋白质（%）	脂肪（%）	重量/克	矿物质（%）	卵磷脂（%）
正常肝	66.99~68.49	22.3~23.89	6.4~6.6	60~100	1.46~1.68	1.0~2.05
鹅肥肝	35.7~47.69	6.9~12.56	37.5~56.53	350~1400	0.8~0.94	4.26~6.9

从表7-1中可见，肥肝脂肪含量是正常肝脏的7~9倍。肥肝中的脂肪主要由不饱和脂肪酸组成，占脂肪酸总量的65%~68%，与棉籽油接近。肥肝中的不饱和脂肪酸包括油酸61%~62%，亚油酸1%~2%，棕榈油酸3%~4%。肥肝中的饱和脂肪酸包括软脂酸21%~22%，硬脂酸11%~12%，肉豆蔻酸1%。不饱和脂肪酸能降低人体血液中胆固醇的含量，减少胆固醇类物质沉积在血管壁上，减轻与延缓动脉粥样硬化的形成，对健康长寿有益。鹅肥肝质地细嫩，脂质醇厚，在欧美发达国家备受青睐。它是厌恶动物性脂肪的欧美人的一道美味佳肴，在美国也是飞机驾驶员的主要菜肴。正因如此，肥肝在国际市场上的价格居高不下。一般来说，鹅肥肝每千克的价格是：一级品40美元，二级品30美元，三级品20美元，并且鹅肥肝的价格高出鸭肥肝40%左右。

二、生产鹅肥肝的条件

研究表明，禽类肝脏合成脂肪的能力大大超过哺乳动物。禽脂肪组织中合成的脂肪量只占5%~10%，而肝脏中合成的却占90%~95%，这就是水禽的肝脏能迅速肥大的主要原因。

（1）鹅种资源 有世界上大型鹅种之一———狮头鹅，湖南溆浦鹅也很好，还引进了国外鹅种，进一步丰富了我国的鹅种资源，为大力发展鹅肥肝生产打下了良好的基础。

（2）饲料资源 生产鹅肥肝几乎100%用玉米。我国北方盛产玉米，南方也在积极扩产，有丰富的饲料资源。

鹅肥肝的大小是多种因素相互作用的结果。匈牙利学者假设所有的影响因素的作用为100%，那么遗传（即鹅品种）因素约占25%，填饲工人的技能约占25%，填饲技术约占20%，鹅的年龄约占15%，饲料（主要是玉米）约占15%（表7-2）。

表7-2　鹅肥肝生产因素

占生产效率的百分比	因　　素
遗传（即鹅品种）约占25%	兰德斯品种，杂交种，活力强，优质优良，结构强壮
填饲工人的技能约占25%	个人的才能，喜爱动物，专业知识，技术训练
填饲技术约占20%	填饲次数，填饲时间安排，填饲强度，填饲期长短，填饲机械的类型，粉碎的带壳玉米
鹅的年龄约占15%	幼龄（8~9周龄），中龄（15~25周龄），老龄（2~3岁），饲养质量，填饲的准备
饲料（主要是玉米）约占15%	玉米的类型，玉米的颜色，玉米的生长期，玉米的纯度，无霉的玉米

三、生产肥肝的鹅品种

生产肥肝的鹅要体型大、颈粗短、后躯宽大，不但体重大，而且要育肥期增重大，肥肝也较大的鹅。一般凡是肉用性能好的大型鹅品种均适合于肥肝生产，见表7-3。而产蛋多的小型品种，产肝性能都较差。经有关单位测定结果，我国主要鹅品种的肥肝性能见表7-4。

表 7-3　几种鹅的肥肝重

种　类	平均肥肝重/克
图卢兹鹅	1200
朗德鹅	750
奥拉斯鹅	700
玛瑟布鹅	684
玛加尔鹅	400～450
莱茵鹅	350～400
朗德鹅公鹅×莱茵鹅母鹅	677.7

表 7-4　我国主要鹅品种的肥肝性能

品　种	测定数量/只	肥肝重/克		肝料比	测定单位与年度
		平均	最大		
狮头鹅	67	538.0	1400	1:40.0	北京农业大学等　1982—1986
溆浦鹅	73	488.7	929	1:34.4	北京农业大学 湖南农学院　1982
永康灰鹅	91	478.3	884	1:40.1	永康市农业局　1985
浙东白鹅	40	391.8	600	1:40.0	浙江省畜牧研究所　1982
四川白鹅	51	344.0	520	1:42.0	北京农业大学　1985
冀中鹅	38	329.5	535	1:49.3	晋州市畜牧局　1982
五龙鹅	20	324.6	515	1:41.3	莱阳畜牧兽医站　1984
太湖鹅	21	312.6	514	1:32.3	中国农科院畜牧所 无锡农科所　1981

　　在我国丰富的鹅品种资源中，除豁眼鹅、太湖鹅外，许多鹅品种都具有良好的肥肝性能，其中狮头鹅和溆浦鹅的肥肝性能已达到国际先进生产水平。

　　为了提高肥肝生产的总体水平，国际上越来越多地利用杂种来生产肥肝。通常采用肥肝生产性能好的大型品种作为父本，以繁殖率高的品种作为母本进行杂交，杂种一代生产肥肝。因为肝重这一性状的遗传力高，达 0.47～0.63，所以父系品种特别重要，要求生长速度快，育肥期增重多，精液品质佳，受精率高。母系品种要求成熟早，产蛋量高。从国内 3 个产蛋较多的鹅种，即太湖鹅、四川白鹅和五龙鹅进行杂交的结果来看，3 个杂种的产肝性能均大大优于其母本品种（表7-5）。

表7-5　杂种鹅的产肝性能

杂　　种	测定数量/只	肥肝重/克		测定单位与年度
		平均	最大	
狮头鹅×太湖鹅	5	381.5	688.5	中国农科院畜牧所　　　　1981　无锡农科所
狮头鹅×四川白鹅	86	467.3	1030.0	北京农业大学　1985
狮头鹅×五龙鹅	70	531.0	1040.0	莱阳畜牧兽医站　1984

目前，我国的科学工作者通过杂交试验，探索最佳的杂交组合。用狮头鹅公鹅与太湖鹅母鹅杂交一代，平均肝重（381.5 克），比太湖鹅（312.6 克）重22%；用国外引进的朗德鹅公鹅配太湖鹅母鹅，一代杂种的平均肝重（381.7 克）优于狮头鹅与太湖鹅配种的子代鹅。

对于一个品种来说，选择适宜的年龄进行填饲，不仅与肥肝重量大小有关，而且直接影响到胴体质量和生产肥肝的成本。例如，溆浦鹅的适宜填肥期是 3~4 月龄，体重以 2 千克以上者为好。肥肝重量大小在性别上的差异不明显。

第二节　填肥鹅的饲养管理

一、填肥鹅的分期饲养

1. 填肥鹅的选择

填肥鹅必须是在 80 日龄左右，体格生长已经基本完成的颈粗短、体型大的健壮育成鹅。

2. 预饲期

2~3 周是填饲的准备时期。

（1）预饲期的目的　一是保证鹅的正常发育；二是锻炼鹅的消化器官；三是使鹅肝脏细胞建立贮存机能，以利于肥肝的形成。

（2）预饲鹅的选择　要选择肥肝性能好、体质健壮、生命力强、体成熟基本完成或已完成的鹅，大、中型品种体重应达到 5 千克左右，小型品种应达到 3 千克以上。

（3）预饲期的日粮配合　预饲期内的饲料，应先在原有饲料基础上增加 20% 的玉米碎粒和 20% 的碎豆饼或花生饼，以后逐渐增加玉米碎粒、玉米，直至玉米占 70%，豆饼或花生饼占 30%。有条件的地方，可以在其中加入 0.3% 左右的甲硫氨酸，保持氨基酸的平衡。

如有肉粉或肉骨粉，预饲期的日粮组成可选用下列两个饲料配方：

配方一：玉米粒（10%）、碎玉米（50%）、豆饼（20%）、肉粉（20%）（或含 20% 以上蛋白质水平的混合料）。

配方二：玉米粒（10%）、碎玉米（50%）、豆饼（20%）、肉骨粉（10%）、麸皮（10%）。

青绿饲料在整个预饲期不限制喂量。

（4）预饲期限　通常预饲期为 2～3 周。鹅体况良好，预饲期的时间可以缩短，甚至可以不经过预饲期直接进行强制填肥。

（5）预饲期的饲养管理要求

1）饲养。预饲期内一般以舍饲为主，结合现场条件可适当进行放牧。每天可按预饲期日粮饲喂 3 次（时间：8：00、14：00、19：00），让其自由采食，每天每只鹅的饲料量可分别喂给 200 克左右。舍内保证经常有清洁且充足的饮水。每天上下午要各放牧 1 次（时间：10：00—11：30；16：00—17：30）。预饲期结束前两天停止放牧。

2）管理。预饲期前要用 10% 烧碱（含 94% 左右氢氧化钠的粗制品）或草木灰水对圈舍进行消毒。要保证圈舍清洁卫生，通风良好，圈舍地面要平坦，保持垫草或地面干燥。环境要安静，舍内饲养密度要适中（1～2 只/米^2），每天清扫圈舍内粪便，将粪便另行堆积发酵，以杀死虫卵。舍内光线宜暗淡。

3）防疫驱虫。预饲期开始前要驱虫和灭虱，主要是驱绦虫。

当小型品种的鹅每天精料采食量达到 200 克左右、体重增加到 4 千克，大型品种的鹅每天精料采食量达到 250 克、体重增加到 5.5 千克时，即可转入填饲期。

3. 填饲期

进行强制育肥生产肥肝的鹅日龄一般在 100～110 天。

（1）饲料及添加剂　填肥鹅需要优质、无霉、可能贮存了数年的玉米。依填饲机型号的不同装入去壳玉米粉，并加入 0.5% 食盐、0.5%～1% 商品脂肪，以及维生素添加剂和微量元素添加剂等。

（2）填饲月龄与季节　大中型品种宜在 4 月龄，小型品种或杂交品种宜在 3 月龄时开始填饲。

仔鹅填饲的最适宜温度为 10 ～ 15℃，20 ～ 25℃尚可进行填饲，气温超过 25℃不宜填饲。

（3）填饲时间　一般填饲期在 21 ～ 28 天。当发现鹅的消化能力减弱，粪色改变，呼吸深重，鹅走步蹒跚，精神怠倦，上颌发干或出现龟裂时，即应结束填饲，及时屠宰取肝。一般情况下，大中型鹅以 28 天屠宰为宜，而小型鹅则以 21 天为好。

（4）日填饲数量　小型鹅，平均日填饲量为 500 ～ 650 克。由于鹅的体质好，填饲头两天，日填饲量可在 200 ～ 400 克，第三天就应增加到 500 克左右。只要看鹅的体质和消化情况，日填饲量增加得越早越好，对肥肝生长十分有利，肥肝的合格率也高。大中型鹅平均日填饲量应为 750 ～ 1000 克，狮头鹅的日填饲量还要多些。同样，为使鹅有个适应过程，头两天由于填饲次数少，日填饲量为 300 ～ 400 克，第三天的填饲量就应达到 500 克，以后逐渐增加，从第七天起日填饲量在 750 克以上。

（5）日填饲次数　以日填饲 4 次为宜。小型鹅每次填饲量在 150 克左右，若日填饲 4 次，则日填饲量可达 600 克左右。大型鹅，每次填饲量为 200 ～ 250 克，同样日填饲 4 次，日填饲量可为 750 ～ 1000 克。每天的填饲时间安排如下：6：00—7：00、11：00—12：00、16：00—17：00、22：00—23：00。

二、填肥鹅的饲养方式

填饲最好在室内进行，这样可以不受外界干扰，保持安静和较暗的光线，有利于填肥鹅休息和脂肪沉积。其饲养方式有 3 种：

（1）地面垫草养　将室内地面分成若干小格，2 ～ 2.5 只/米^2，每格不多于 10 只。地面垫草要每天清扫，保持清洁、干燥。在栏外挂一只长水槽，供鹅伸出头来饮水。

（2）笼养　笼的尺寸是：500 毫米 × 280 毫米 × 350 毫米，笼底金属网可漏粪。填饲时直接将填饲机推至笼前，将鹅颈拉出笼外填饲。此法鹅的活动少，鹅肥肝质量好，但设备费用较高。

（3）网上养　网上养的缺点是填饲不方便，但可节约垫料，舍内卫生状况好。

三、填肥鹅的饲料及饲料加工

1. 饲料

填肥鹅几乎全部用整粒玉米。黄玉米能使肥肝成为深黄色，售价较高；白玉米填的肥肝颜色较浅，售价较深黄色肥肝低。玉米最好选用上一年的小粒种黄玉米或红玉米，因为当年新玉米含水量高，影响育肥效果。小粒种玉米容易通过填饲管，而大粒种玉米在填饲时容易卡住而无法填入。玉米粒比玉米粉填饲效果好，因为玉米粉碎成粉状后，粒间空隙多，体积大，影响填饲数量。

2. 饲料加工方法

肥肝生产中玉米粒饲料加工传统方法主要有两种：一种是我国四川西昌民间传统的炒玉米加工法；另一种是流传在法国西南部民间蒸煮玉米粒加工法。另外，还有一种是浸泡法。现分别介绍如下：

（1）炒玉米粒调制法 选优质次年玉米粒，倒入铁锅中用文火加热，不停地翻炒，至粒色深黄、八成熟为宜，切忌炒煳，也不能炒熟而出现大量玉米花。炒完后将玉米粒装袋备用。

填喂前用温热水浸泡炒好的玉米粒，一般需要 1~1.5 小时，原则上以玉米粒表皮泡展为度。用时可将浸泡水废弃，玉米控干，拌入 0.5%~1% 食盐后即可倒入装料箱填饲。

（2）煮玉米粒调制法 选用优质次年玉米粒，清除混杂后倒入开水锅里，要求水面浸过玉米 10~15 厘米，水再烧开后煮 5~10 分钟，使玉米柔软而不过芯（用牙咬开玉米芯并不熟）时，沥干待稍冷却有热气而不烫时，加入 0.8%~1.6% 的食盐、2% 的油脂拌匀后倒入装料箱填饲。

无论炒玉米还是煮玉米，冬季要趁温热时填喂效果较好。为了减少应激，常常还要投喂多维素合剂，一般以每天每只鹅 30 毫克为宜。炒、煮玉米调制法均能获得满意的肥肝生产效益。

（3）浸泡法 还有人将玉米粒置于冷水中浸泡 8~12 小时，随后沥去水分，加入 0.5%~1% 的食盐和 1%~2% 的动（植）物油脂，比较起来这种浸泡法最为经济易行，可省去劳动力和调制加工费用。

四、填饲技术

1. 填饲机的型号

（1）9TFL-100 型填饲机 如图 7-1 所示，该机由中国农业大学设计制造并定点批量生产。机上装有栅条式的固禽器，可将鹅牢牢保定住，并能在滑道上移动。同时，将填饲管延长到 500 毫米可以直接插到鹅的食道膨大部，将食道下部填满后逐渐边退管边填饲，直到上部也填满，填到距喉头 5 厘米处即结束。这样就省去了捏挤的操作，减轻了劳动强度，减少了鹅食道的损伤。该机操作方便，不需要助手，但体积大，不易运输。

（2）**9TFW-100 型填饲机**　如图 7-2 所示，该机也是由中国农业大学设计制造并定点批量生产。主要特点与 9TFL-100 型填饲机相似，只不过该机为卧式，增设人力传动装置，在停电时可人力摇动带轮传动，适于供电不正常的地方使用。

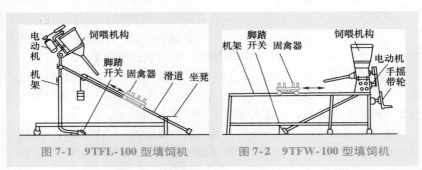

图 7-1　9TFL-100 型填饲机　　　图 7-2　9TFW-100 型填饲机

上述两种国内生产的填饲机的主要技术指标列于表 7-6 中。前一种属于立式，第二种属卧式。从实际使用情况看，中国农业大学设计制造的两种填饲机比较适用于我国鹅品种，而且结构简单，电动机功率较小，不需要单独架设动力线路，可直接接在照明线路上。其中，9TFW-100型填饲机比较理想，还能在停电时或无电地区用人力传动，不至于因停电影响填饲。

表 7-6　两种填饲机的技术指标

项目	型号	中国农业大学 9TFL-100 型	中国农业大学 9TFW-100 型
外形尺寸/毫米	长	1300～1400	1900
	宽	520	700
	高	1200～1400	1400
整机重量/千克		35	35
料箱容积/升		9	9

（续）

型号项目		中国农业大学 9TFL-100 型	中国农业大学 9TFW-100 型
配套电动机	类型	三相	三相
	功率/千瓦	0.27	0.27
	转速/（转/分钟）	1400	1400
螺旋推进器	型式	立式	卧式
	转速/（转/分钟）	580	580
	流量/（千克/分钟）	1~1.5	1~1.5
填饲机操作人数/人		1	1
填饲管口径/毫米		18~20	18~20
喂料管长度/毫米		500	500

中国农业大学 9TFW-100 型填饲机还具有节省人力、减轻体力劳动强度、提高工作效率、价格便宜等优点。该机只需要一个人操作，可以大大减少因操作人员互相配合不好而造成的对鹅体的损伤。它是借助于鹅固定器下的滑轮前后滑动，可运用自如地进行填饲操作。由于借助滑轮的作用，摩擦很小，操作毫不费力，进退固定器用力均匀，因此在填饲过程中向鹅食道插入或退出填饲机喂饲管时能减少和防止食道损伤。所以使用它省工省力，还可减少和防止鹅体残次。此外，它还安装了一个脚踏式人力传动装置，在停电或无电的地区均可用人力传动机器。

2. 填饲的操作要领

现以对我国鹅填饲育肥比较理想的中国农业大学 9TFW-100 型填饲机操作方法做说明。

填饲时，填饲员面向填饲机，站在填饲机的左侧，右手靠填饲机装料斗方向。填饲员用左手掀开滑车上鹅体固定器的网盖，助手双手抓握鹅的双翅基部，从填饲机右前方把鹅放在鹅体固定器上，使鹅头朝着填饲机喂饲管。与此同时，填饲员用左手从鹅背向前握住鹅头后部，拇指和食指（或中指）掐压在鹅嘴角上。助手用双手从鹅的双翅基部后移到抓握双翅尖部和双脚肘部，填饲员右手盖上网盖，扣好，助手即可松手，准备抓下一只鹅。

鹅保定后，填饲员可进行填饲操作，当填饲机喂饲管进入鹅的食道后，向食道深部插入时，填饲员用左胳膊肘部抵住鹅体固定器前缘，保持鹅颈伸直。右手拇指和食指在鹅颈外边，跟随喂饲管管口前进，在鹅颈 S 状弯曲处进行推拉以保证食道伸直，使喂饲管顺利插入食道深部锁骨前缘。

接着填饲员用右脚断续踩控制开关，每踩踏一次，螺旋推进器就转动几转，向食道中推送一些玉米粒，此时停在喂饲管口的右手拇指和食指随时把进入食道的玉米粒推挤向鹅胸腔内的食道深部。经过几次重复填饲，待胸膛内食道深部和腺胃填满玉米粒后，一边用左肘部用力把鹅体固定器后推，退出喂饲管，一边踩踏控制开关，使食道下 2/3 都填满玉米粒。填完后，填饲员左手打开鹅体固定器网盖，随即双手握住鹅的双翅基部，把鹅拿起轻轻放在地面上，让鹅自行离去。使用该种填饲机，每台机器每小时可填饲鹅 100 只左右。填饲员操作也不很费劲。

填饲后展翅饮水的鹅是正常的表现，如果不慎将玉米粒掉进气管，鹅不停地摇头，会窒息死亡。在培育期食道锻炼好的鹅，一般一次可填喂 500~700 克玉米，这是获得大肥肝的重要措施。

每次填饲前，必须检查每只鹅的消化情况，如果饲料不消化，应停止填饲。若滞食超过 3 天就应屠宰。

五、获得优质肥肝的技术措施

（1）在预饲期添加氯化胆碱和维生素 C 在预饲期内，要不限量地饲喂新鲜和适口性好的青绿饲料及含大量蛋白质的混合谷物，并在饲料中加入 1% 氯化胆碱和适量维生素 C，可增强肝细胞的功能，填饲后肝肥大。

（2）提高填饲操作水平 提高填饲人员的操作水平、熟练程度和责任心，以保证获得较重的优质肥肝（技术水平高低可使肥肝重量相差 100~200 克）。

（3）限制活动 从填饲开始停止放牧，不放水，不运动，减少消耗，以利于增膘。地面铺草以保持干燥，防止擦伤胸腹部嫩肉。填饲鹅要在舍内饲养，保持安静和较弱的光线，有利于休息和脂肪沉积，以便提高肥肝重量。

（4）鹅体获得最大增重 在填饲期，鹅体增重越多，肥肝越大。

（5）适时屠宰 适时屠宰，不仅肥肝重，而且质量好。什么时候屠宰合适，要根据以下几点确定：

1）看鹅的表情。填饲的鹅经过一段时间后，当鹅前胸下垂，行走和呼吸困难，羽毛混乱，眼睛凹陷，精神萎靡，嘴发白等症状出现时，即为成熟的表现，应及时屠宰。对缺乏这些症状的鹅要继续填饲几天。

2）看体重增加。一般体重增加不应少于 60% 以上，最好的增加 80%~100%，这是获得大肥肝的先决条件之一。

3）个别急宰。个别鹅耐填程度较差，到一定时间后表现消化不良，瘫软在地，甚至突然死亡。这种鹅应实行急宰，以防死后肥肝瘀血（肥肝瘀血导致质量降低）或报废。

20 多年来，世界鹅产品增长了 25%~30%。匈牙利、波兰、捷克、斯洛伐克、保加利亚等国的鹅肝生产发展很快。鹅肝出口要求重量不少于 300 克，可用 5 周龄以上鹅育肥后获得如此大的肝脏。上述国家普遍采用集约化经营育肥。通常采用煮熟的玉米作为饲料进行强制填饲，还添加 8% 苜蓿粉、4% 青绿饲料、2% 脂肪、1% 复合维生素和胰酶等。每天填喂 2~4 次，昼夜不断给水，每升水中添加 1 克食用碳酸氢钠（食用小苏打）。按此法鹅肝重达 500~1000 克。

国外还有人试用 6~10 勒克斯绿色日光灯配合人工强制育肥，以刺激鹅的新陈代谢，促进消化，并有利于提高肥肝中维生素 A、维生素 E 及胡萝卜素的含量。

第三节 肥肝鹅的屠宰和肝脏的处理与加工

一、屠宰前的运输

肥肝鹅由于肝脏大，体质十分脆弱，它经受不住长途运输，如果在装鹅和运输方式上不加注意，往往在短短的几十千米路程和数十分钟的运输中，就会造成肥肝鹅的大量伤亡和肥肝的严重瘀血。为此，填饲专业户应分布在家禽屠宰厂附近，水陆交通方便之处，以缩短肥肝鹅的运输路线，减少损失。有河道处最好采用船运。屠宰前停食 12~18 小时（不化食的鹅不需要停食），但要有充分的饮水。

运输时通常用专用塑料运输笼，每笼 4 只肥肝鹅，笼里多铺垫草；绝对不准将肥肝鹅散放在车斗中运输，否则车子起动后，肥肝鹅堆集在一起，会造成大批死亡。车辆的颠簸也会使鹅腹腔内的肥肝受损瘀血，所以无论装车或卸车，操作时都要轻捉轻放，并有专人押运。途中速度不要快，遇有沟坎要缓慢前进，不要紧急制动，更不要剧烈颠簸，以减少损失。一般运输都在清晨，肥肝鹅经整夜停食后，早上运到屠宰场正好赶上集中屠宰。

二、屠宰程序

(1) 宰杀、放血 抓住肥肝鹅的双腿，倒挂在宰杀架上，头部向下，采用人工割断气管和血管的方式放血，减少肝脏中的瘀血和血斑。

(2) 控血 宰杀后仍应倒挂在支架上，这样放血较快，待血流完后再控一定时间，让血控净为好，这样屠体皮肤白而柔软，肥肝色泽正常。

(3) 烫毛 烫毛用水的温度要适宜，一般为65~70℃。水温不宜过高，烫毛时间不宜太长，否则脱毛时皮肤易破损，严重者影响肥肝质量；水温太低又不易拔毛。因鹅尾脂腺发达，羽毛不易沾水，屠体必须在热水中反复搅动，使热水浸入羽毛里，也使身体各部位的羽毛都能完全湿透。

在专门的屠宰加工厂里，是将鹅体浸在温度为65~70℃的浸烫槽中。随着传送链缓慢地向前传动，在浸烫槽中浸烫约3分钟，即逐渐离开浸烫槽。

(4) 脱毛 浸烫到位后的鹅应立即脱毛。脱毛分机械脱毛和手工脱毛两种，使用脱毛机脱毛容易损坏肥肝，因此通常采用手工脱毛。先将鹅从传送链上取下，放在长桌上，趁热用手工拔除两翅的翼羽、尾羽，用手捋去鹅喙及胫、蹼上的表皮，再把全身羽毛全部拔光。

(5) 拔细毛 鹅屠体羽毛基本拔光后，还有许多细毛和毛管残留在鹅体上，必须拔掉。因此，要把屠体浸在清水槽中，右手食指持小刀用拇指夹持将细毛与毛管尽可能拔净；对不易拔光的细毛可用酒精火焰喷灯燎除。

(6) 洗净 最后将屠体口内、舌根和颈部刀口的血液全部用清水冲洗干净；再把整个屠体洗净。

三、屠体冷凝

育成后的肥肝鹅的腹内充满脂肪，肥肝内脂肪量高达45%~60%，而鹅的脂肪熔点低（32~38℃），宰后应在4~10℃温度下冷凝，使屠体变硬，易于摘取肝脏，否则易抓破肥肝。

屠体洗净后，胸腹部朝上，平放在特制的金属车架上，车架分7层（图7-3），每层可并排放屠体5~7只。沥干水分后，将车架连屠体一起推入4~10℃的预冷车间进行预冷，一般停放18小时，使屠体冷凝和干燥。因为肥肝鹅体内充满脂肪，如果立即剖腹取肝，会形成脂肪流失；并且肥肝内含脂肪多，温热的肥肝十分软嫩，此时摘取肥肝则容易抓破，影响质量，所以必须预冷让脂肪凝结、内脏变硬而又不致冻结时，才有利于摘取肥肝。

图 7-3　屠体在车架上预冷

四、肥肝与内脏的摘取

在剖腹取肝时既要保证肥肝的质量，还要尽可能地保持胴体胸肌的完整性，满足买方的需求。

（1）剖腹　将经过预冷的鹅屠体胸腹部向上，尾部朝向剖腹者，用刀从鹅的龙骨末端处开始，把皮肤切开，一直割到泄殖腔前缘。随后在切口上端两侧皮肤各开 1 个小切口，用左手食指插入胴体右侧小切口中，把右侧腹部皮肤勾起，右手持刀沿腹部切口轻轻地割破腹膜，接着用双手同时把腹部皮肤、皮下脂肪连同腹膜向两侧扒开，使腹脂和部分肥肝暴露出来。再将左手从鹅体左侧伸入腹腔，把内脏向右侧扒压，右手持刀从内脏与左侧肋骨间的空隙中把刀伸入腹腔，把内脏（包括腹脂、肌胃、肠管、泄殖腔和部分肥肝等）与胴体的腹腔割离，只有内脏的上端还和胴体连接。然后把剖好腹的胴体头朝上，双翅背挂在悬吊传送链上，传送到取肝室。

（2）取肥肝　取肝工人面对传送链上送来的鹅腹朝向自己的胴体，这时由于剖腹后内脏和胴体已基本剥离，内脏下垂并部分凸出在剖开的腹腔外，而肥肝大部分落到腹腔，因此取肝者只要双手插入剖开的腹腔中，两手向上托住肥肝，并轻轻地把肥肝向下钝性剥离，这时附在肥肝上的胆囊也随之剥离肥肝，而胴体和其他内脏则随传送链向下一车间输送。取肥肝时万一胆囊破损，可即用清水将肥肝上残留的胆汁冲洗干净。取肝工人唯一的工作是摘取肥肝，肥肝摘下后放在身后的操作台上，由另一名分级员对肥肝进行整修、分级和装盒。

取肝最好在 4～6℃下进行。

（3）取内脏　挂在传送链上的胴体传到下一车间后，操作工人把胴体腹腔中的内脏掏出，放在身后的操作台上；而另一个工人先将内脏上附着的胆囊钝性剥离，随后将腹脂和内脏分离出来，把每只鹅的腹脂集中卷成一团，单独装盘。第三个工人则将附在内脏上的心脏剥下、剪开、洗净后集中装盘；接着把鹅的肌胃割下、剖开，剥除角质层，洗净后集中装盘；鹅肠则用剪刀剖开，洗净后单独装盘。

五、肥肝的处理和分级

肥肝的处理和分级是依靠人的眼力、嗅觉和手指的触觉来进行的，在这方面分级人员的经验就显得特别重要。因为即使是同样体积的两块肥肝，由于质量不同，等级和价值也不一样，而有经验的分级员，就能按质量来准确进行分级。

1. 肥肝的处理

刚摘下的肥肝由分级员先用小刀修除附在肥肝上的结缔组织和胆囊下的绿色渗出物，再修去肥肝中的瘀血、出血和破损部分，然后按肥肝的大小和质量进行分级后装入相应的塑料盘中。由于取肝室的取肝员和分级员只管取肝与分级，在操作时十分注意清洁卫生，室温又保持在4～6℃的水平，所以摘下的肥肝是清洁卫生的，不必再用清水或盐水清洗了。

2. 肥肝的分级

我国鲜肥肝的国家标准，已于 1988 年 9 月 20 日由国家技术监督局发布，并于 1989 年 3 月 1 日实施。这个标准比较全面，先从几个方面分级，再给予评定等级。

（1）重量分级 特级：400～1150 克；一级：400～1150 克或 1150 克以上；二级：300～399 克；三级：200～299 克。

（2）感官指标分级 见表 7-7。

表 7-7　感官指标分级

等级	色　泽	弹　性	气　味	特　征
特级	浅黄、米黄色或浅粉，肝表有光泽，色度均匀	指压后凹陷很快恢复	具有鲜肝正常气味	肝体完整，无血斑、血肿、胆汁绿斑
一级	浅黄、米黄或浅粉	指压后凹陷很快恢复	具有鲜肝正常气味	允许肝体切除一小部分，血斑直径 20 毫米不超过两块，无血肿、无胆汁绿斑
二级	浅黄、米黄、黄色或浅粉	指压后凹陷较快恢复	无异味	允许肝体切除一小部分，允许有血斑，无血肿，无胆汁绿斑
三级	浅黄、米黄、黄色、浅粉或浅红	指压后凹陷恢复较慢	无异味	允许肝体切除一部分，允许有血斑、血肿，无胆汁绿斑

（3）理化指标分级 样品理化指标的均值，应符合表 7-8 所列的要求。

表 7-8　理化指标分级

项　目	特级	一级	二级	三级
	指标（%）			
粗蛋白质	6～10			
粗脂肪	>45		41～45	35～40
水分	<40		40～45	46～50
油脂渗出率	<20	20～25	不要求	

（4）综合评定等级 重量达到而感官指标或理化指标达不到者，

按感官指标或理化指标达到的最低级别评定，综合评定如表7-9所列。

表7-9 综合评定

等级	重量/克	感官指标	理化指标
特级	400~1150	符合特级要求	符合特级要求
一级	400~1150 或 1150 以上	符合一级要求	符合一级要求
二级	300~399	符合二级要求	符合二级要求
三级	200~299 300~399	符合三级要求	符合三级要求

我国肥肝评定方法有统一的规定。规定要求取样有代表性，每批肥肝重量超过200千克者，随机抽取5%作为样品；不足200千克者，随机抽取10%作为样品。取样人应戴乳胶手套，所用器材必须消毒。取出的肥肝样品先称重，并做感官指标检查，然后再切取肝样做理化指标检验。

六、肥肝的保鲜与销售

鹅肥肝分鲜肥肝和冻肥肝两种，同样级别的鲜肥肝售价要高出冻肥肝近50%，有条件的企业应尽可能做鲜肥肝。

我国运往国外的肥肝多采用冻肥肝的方法来延长贮存期。方法是将鲜肥肝逐只装入塑料袋，平放在铁皮盘中，放入−30~−28℃的速冻库中速冻24小时，再取出按不同级别分装入特制的瓦楞纸箱中，每箱放肥肝10千克，扎捆好箱子，存放在−20℃的冷库中可保存3个月。因为出口的需要，鹅肥肝的包装箱按外贸粮油食品公司出口标准规格特制。

出口标准：有病理症状的内脏不准利用，鹅肥肝叶要完整，不许修割。修除筋络、脂肪或胆汁污染者不准利用。允许肥肝叶中一处裂纹不超过2厘米，充血面积允许1~2处，每处不超过5毫米。每叶肥肝单放在铁盘内（保持原肝形），放入0℃左右的预冷间冷却4~6小时，然后入急冻间急冻。再行分级过磅，分规格装入塑料袋。

第八章 鹅的屠宰、冷藏、鹅体分割

第一节 鹅屠宰加工条件及卫生要求

根据《中华人民共和国动物防疫法》《中华人民共和国食品卫生法》的规定，鹅的屠宰及其副产品的加工要符合动物防疫条件及食品卫生条件，具体包括以下3个方面：

一、环境、卫生要求

加工场所应当远离生活饮用水源保护区、风景名胜区、自然保护区的核心区及缓冲区、县城城关镇的建成区、城市科研区、文教及医疗区等人口集中地区；加工场所应当与居民区保持一定距离，不得设在闹市区，但要交通方便。水质应符合国家规定的标准。有必要的检验设备、消毒设施、消毒药品及对污染物处理设施，具有鹅及其产品的无害化处理设施。

工作间墙壁、顶棚应采用光滑材料。墙壁下部应铺贴2米以上的浅色瓷砖。地面以水磨石为好，耐腐蚀，耐蒸汽杀菌，并有1°~2°的坡度，便于冲洗，墙与地面交接处要呈内圆角。门、窗应尽量采用平面结构，以便清洗，外加纱门、纱窗。地沟应严密加盖，排水管要装有防止臭气逸出的弯管，下水道口要有地漏和盖子，一般为每40米^{2}装1个，屠宰间每20米^{2}装1个。有大量水蒸气的加工地段，要安装局部的抽风装置，减少水蒸气积聚及形成冷凝水滴下，造成污染。内部必须有足够的洗手设备，并采用脚踏式开关。废物场及垃圾箱应距离加工场地25米以上。

屠宰加工场地要经常进行清洗、消毒。每天要有进货、检验、检查、加工记录。

二、加工设施、设备及卫生要求

鹅及其产品的加工设备及用具必须符合卫生标准和卫生管理办法的

规定，做到对人体健康无害，也便于清洗和消毒。严禁使用酚醛树脂、废旧塑料及国家规定不允许使用的含有毒有害物质的原料生产的设备、工具。严禁使用镀镉设备，不能用镀锌铁皮，要尽量降低润滑油的使用量，并防止滴漏污染食品。最好使用不锈钢，也可用铝合金、搪瓷、玻璃及无害塑料制品。

加工设备及用具应当经常清洗、定期消毒。具体办法如下：

1. 加热消毒

消毒前洗净物件上的污物，尤其是油污。清洗，一般先除去鹅体残渣，用45～50℃的温碱水洗涤，再用50℃左右的温水或冷水冲洗。加热消毒，对较小的工具、设备等，用100℃水煮沸1～5分钟；对于管道、冷排、墙地面，可用100℃蒸汽消毒5分钟。

2. 化学消毒

可用碳酸钠500克、磷酸钠260克，加水15升，临用前稀释9倍，消毒冷藏车。

三、冷藏设施及卫生要求

鹅屠宰后为延长保存时间，通常采用低温保藏的方法。低温保藏可以抑制微生物的生长和繁殖，延缓成分间的化学反应，控制酶的活力等。例如，当温度降低到-10℃、-15℃时，除少数嗜冷菌外，其余的细菌都已经停止发育。其原因为：在这种低温下，肌肉内的大部分水分已经冻结，微生物不能获得营养进行生化反应，从而阻碍了微生物的发育，使食物的色、香、味和营养成分得以保持。所以，冷藏法是现代保藏肉和肉制品最好的办法，是保证市场供应和食品质量的有效措施。常用的冷藏设备有以下几种：

(1) 冷库 冷库内所需要的恒低温是用制冷系统和冷库的绝热建筑来保证。冷库的外墙、顶棚和地面都有一定厚度的绝热材料，阻碍内外的热导，使库内温度受外界温度的影响大为减少。冷库按库容量分为3类：5000吨以上的为大型冷库，1500～5000吨的为中型冷库，1500吨以下的为小型冷库。速冻间温度为-25℃以下，冷藏间温度为-18℃以下。

(2) 组合式冷库 组合式冷库又叫装配式冷库或活动冷库。装配和拆卸方便容易，容量为10～100米^3。

(3) 冷藏运输车 用于畜禽类产品的冷藏运输车有多种，容量在10米^{3}左右，温度可达-8～-5℃。

（4）冷藏柜 冷藏容量多在 5 米³ 以下，温度一般为 −15 ～ −5℃。

冷藏设施的卫生要求主要是做好消毒工作。在每次清库时打扫干净，实施消毒。

第二节 鹅的收购、屠宰与分割

随着畜牧业产业结构的调整及公司 + 基地 + 农户模式的推行，鹅的饲养量增加，鹅的消费也由千家万户分散手工屠宰，逐渐成为规模化、工厂化屠宰加工，甚至分割上市销售，有利于提高产品质量和档次，更加符合消费者的需要，改善卫生状况，增加经济收益。

一、活鹅的收购

1. 活鹅收购的检疫

根据《中华人民共和国动物防疫法》规定，动物出售、运输等必须由动物防疫监督机构的动物检疫员实施检疫，经检疫合格出具检疫证明，才能购、销、运输等。活鹅检疫分为以下两种：

（1）群体检查 主要观察鹅群精神状态是否正常，有没有缩颈、垂翅、羽毛松乱、闭目孤立等不正常情况；听鹅的呼吸是否急促、困难，有否发出"咯咯""咕咕"等怪叫声或气喘声。用竹竿略赶一下鹅群，看是否有跟不上群的、伏地的、只叫不动弹的鹅。发现可疑的鹅，要采取个体检查。

（2）个体检查 左手捏握鹅的双翅，先看头部、口腔、鼻孔，再仔细观察眼睛。再用右手触摸食道膨大部，判断是否有积食，挤压时是否有气体或积水的感觉，倒提时口腔内是否有液体流出。然后，拨开胸腹部绒毛，观察皮肤有无创伤，是否有发红、僵硬等现象。查看肛门周围有无粪便沾污，观察肛门张缩情况及色泽。最后，将鹅提近耳边，拍鹅背，听其声音是否正常。测量其体温是否正常（鹅的正常体温为 39.5～41.5℃），

通过以上检查，可以发现病鹅和可疑的鹅。发现后应及时将这些鹅挑出，关入隔离圈，待进一步诊断后再按规定处理。同时，记录病鹅只数、症状和检查、检验结果，了解同群鹅的产地、运输工具和运输路线，以便必要时采取应急措施。不同群的鹅最好分别关在不同的圈内，若条件不许可，至少要将来自有疫情地区和无疫情地区的鹅分开饲养管理。

2. 对鹅的加工价值做出判断

活鹅收购的等级、规格，因各地习惯、鹅的品种、加工用途不同而

不同。一般要求活鹅羽毛齐全，干毛平臜，一般臕，无病无伤。例如，江苏某地活鹅收购等级与规格见表8-1。活鹅销售等级与规格见表8-2。

表8-1　活鹅收购等级与规格

等　　级	规　　格	等　　级	规　　格
一等	≥2.75 千克	三等	≥2～2.25 千克
二等	≥2.25～2.75 千克	等外	≥1.5～2 千克

表8-2　活鹅销售等级与规格

等　　级	规　　格	等　　级	规　　格
一等	≥2.5 千克	三等	≥1.75～2 千克
二等	≥2～2.5 千克	等外	≥1.5～1.75 千克

3. 活鹅的运输

努力防止或尽量减少掉臕。运输前，应喂容易消化的饲料，剔除病鹅。对运输车、船、笼等给予严格消毒。运输笼底最好垫些柔软的物品（如席片、稻草、蒲包片等），以防运输中鹅体胸部皮肤被擦伤，影响加工后屠体的等级。

运输过程中，要注意夏季防日晒、防中暑，冬季要防风雨、防冻害。运输路途较远时，途中应当供水，保持通风良好，赶的速度也不能太快，以免引起鹅的应激反应

二、待宰期饲养管理

（1）检疫　活鹅运达后，先由动物检疫人员进行接收复检，并在待宰期的饲养管理中进行定人、定时的观察检疫。复检合格的活鹅，应按产地、批次、强弱等分群、分圈饲养管理。发现病鹅要及时挑出隔离饲养，进行诊断和治疗。不允许宰杀的病鹅，应在保持其完整的情况下做焚烧或深埋处理。

（2）休息　活鹅在运达后至宰杀前，应当给予12～24小时的休息以消除疲劳，待宰圈或场地应防热、防晒、防雨、防冻、防鼠害，保持空气流动和环境安静。

（3）停食　待宰鹅应在宰前停食12～24小时。停食期间，每隔3小时扫除一次粪便，并缓缓轰赶鹅群，促进鹅只排泄。地面宜为水泥地面。

（4）给水　在停食的同时，必须给鹅充分的饮水。水槽的长度和水

盘的数量要充足，防止因抢饮水而引起挤压。到宰杀前3小时左右，要停止饮水，以免肠胃含水过多，宰杀时流出造成污染。

（5）清洗 鹅在宰杀前进行清洗，可改善操作的卫生条件，保持宰后的胴体清洁。可以在通道上设置数排淋浴喷头，在经过时完成淋浴；也可在通道上设置人造浅水池，任其走过，达到清洗的目的。

三、鹅的屠宰、分割及检疫管理

1. 屠宰

根据鹅肉产品的加工利用目的不同，应选择不同的宰杀方法。

（1）宰杀方法

1）颈部宰杀法。把鹅捉住后，紧缚鹅的两个翅膀，并夹在操作者的两个膝盖之间，左手握住鹅颈，把颈别向后边，用拇指和食指夹住鹅喉，将其固定。在靠近颈部下方屠宰部位拔去一些羽毛，右手用刀横着切断颈部的血管、气管和食管。切割三管后，随即右手紧握鹅头颈，将其倒垂向着地面，左手将其两脚提起，使鹅血液流尽，气绝而死。颈部宰杀法的优点是操作简单，便于后道工序取出内脏，但是由于刀口暴露，易造成微生物污染，刀口往往会扩大，再加上颈部的食道也被割断，肠胃内容物易流出，从而污染血液。

此法适用于制作罐头和分割鹅肉原料，而不适用半净膛白条鹅。

2）口腔刺杀法。先将鹅倒挂起来，用左手拉开鹅的下片喙，右手持刀，伸入鹅口腔至颈部第2颈椎骨处，用刀尖稍加用力，割断颈静脉和桥状静脉的连接处，然后将刀尖稍稍抽出，在上颌裂缝的中央，大约和鹅头成30°角，在鹅眼的内侧，斜刺延脑，以破坏羽毛肌的神经中枢，使羽毛易于拔脱，并可促其早死。此法刺脑要准，不能刺得过深，戳破头顶，形成破伤，造成次品。此外，割断鹅的血管一定要注意部位，即要切断颈静脉与桥状静脉的连接处，部位不对，血液就不畅，放血不净，会造成瘀血。用这种方法宰鹅，体外没有伤口，外观整齐，不易污染，放血完全。大多数国家多采用口腔刺杀法。

用口腔刺杀法屠宰的鹅适用于半净膛的白条鹅的制作。

（2）放血 宰杀后放血即开始，一般放血时间为3~5分钟，要求放血充分。放血时间过短会造成放血不良，胴体色泽不好；放血时间太长会形成尸僵，不容易脱毛，造成带毛或破皮。为了便于放血，鹅在宰杀以后，要将鹅舌从嘴内挤出，向上扭转拉出，嵌在嘴角外面。在未刺延脑的情况下，鹅在血液将放完时，常表现最后的挣扎。放血完全，有利于保证胴体的品质，延长鹅肉的贮存时间。

（3）拔毛

1）湿法拔毛。采用热水烫拔法。

① 手工拔毛。鹅烫毛的水温通常以 65～70℃为宜。水温过高，浸烫时间过长，则表皮蛋白胶化，不易拔毛，并且易破皮，同时脂肪溶解，从毛孔渗出，毛绒也会卷曲、抽缩，表皮呈暗灰色，遂成次品。若温度过低或烫不透，则拔毛困难，并且更容易破皮。

② 机械去毛。在滚筒浸烫机内，浸烫好的鹅通过打毛机去毛。打毛机有半自动和全自动两种。用机械方法去毛，去毛效果好的也只能达到净毛率95%左右，剩余的小毛还要采用其他方法去掉。

2）干法去毛。鹅屠宰后，趁鹅体尚暖，用两膝夹住鹅颈，左手握着鹅翅膀，右手可先拔尾羽、翅羽，再拔胸、腹、臀、背和腿部的羽毛，最后拔头部和颈部的羽毛。拔时必须速度快，否则体温一冷就不易拔了。拔毛的方向，应向着毛根相反的方向向前拔去，用力不宜过大，用这种方法拔下的羽毛光泽较好，质量也好。

3）蒸汽烫羽拔毛。据人工屠宰蒸汽烫羽试验，证明其比热水烫羽使鹅体受热均匀，在短时间内能够烫透羽绒内层，很容易把羽绒拔下来。并且蒸汽烫羽设备体积小，浸泡时间短，能更好地保证羽绒的质量，在实践中是可行的。

4）修毛。用上述方法拔去大毛的鹅体上，尚残留一些细毛、绒毛和血管毛等，必须将这些毛修去。

① 松香修毛。将去除大毛的鹅体用松香粘去部分残留绒毛和血管毛。松香温度一般以 120～150℃为宜，油脂掺和比例为 5%。鹅体在浸松香时，头部不要浸入，以防松香灌入鹅鼻、耳中，从而影响食用。拔毛后要将松香去除干净，不得残留。现在多用蜡代替松香作为脱羽的介质来修毛。

② 镊子和温水修细毛。用温度保持在 25℃以下的温水边洗鹅边搓鹅，去掉残留的绒毛，个别拔不掉的绒毛、细毛，再用镊子拔掉，做到皮不破，拔毛干净。

（4）净膛 将屠体体腔中的内脏除去，成为净膛的白条鹅或光鹅。根据不同的要求，加工有所不同。

1）半净膛。半净膛白条鹅的加工需要将鹅肠拿出。操作时将拔完毛的鹅体放在清水中浸冷，然后用刀在其泄殖腔下纵割一个长 6～8 厘米的开口，或者在肛门四周剪开，用左手按压腹部，右手食指伸入切口内，将直肠与肛门边连接处剥离，拉出肠头，手指伸入腹腔将胆囊从肝脏连接处拉开，再以中指勾住十二指肠，将胰脏分离，把肠管连同胆、胰、生殖器官拉出体外，并去除气管、食道。

2）全净膛。将拔完毛的鹅屠体放在清水中浸冷，然后再净膛。小型屠宰点和一般家庭，净膛多是在胸骨后至肛门的正中线切开腹腔，扒开胸腔，将体腔中的全部内脏（包括肺脏）取出，以便烹调食用。正规的加工厂都不切开腹壁，而是在肛门四周剪开，剥离直肠、食道，将内脏全部掏出（肺脏、肾脏除外）；或者在翅下屠体侧部开一切口，将内脏全部挖出（肺脏、肾脏除外）。

（5）分级、修整　根据鹅胴体的重量、肥度、外表评级等，对鹅胴体进行分级，并对鹅胴体进一步整理加工，如鹅胴体外表仍有细毛、血管毛，应进一步清除；对胴体上的一些伤口要修切整形；用清洁白纸塞住鹅胴体的口腔，并用白纸将鹅头包好。

根据我国出口的白条冻鹅的质量规格，从宰后净重来计：一级品每只应不低于 2.75 千克，二级品每只不低于 2.5 千克，三级品每只不低于 2.25 千克。从肥度标准来看：一级品应肌肉发育良好，胸骨尖不显著，除腿、翅外，全身布满厚度均匀的皮下脂肪层，尾部肥满；二级品应肌肉发育完整，胸骨尖稍露，除腿、翅外，全身布满脂肪层；三级品要求肌肉发育良好，胸骨尖稍露，尾部有脂肪层。从外表评级来说：一级品要求脊部仅有极少数血管毛，主要部位不允许有擦伤及破口，次要部位皮肤轻微擦伤不得超过 1 处，擦伤处不得超过 1 厘米^2；二级品允许有少量血管毛，略带青斑，主要部位不允许有擦伤及破口，次要部位皮肤轻微擦伤破口不得超过 2 处，擦伤处不超过 1 厘米^2；三级品允许有少量血管毛，主要部位皮肤擦伤不得超过 1 处，擦伤处不超过 1 厘米^2，次要部位皮肤擦伤破口不得超过 2 处，每处不超过 1 厘米^2。

（6）整形、包装　将分级并包头后的鹅放入冷却间悬挂冷却，冷却间温度保持在 0～4℃，相对湿度为 85% 左右，1～2 小时后进行包装。每只白条鹅需套上一个印有专门商标的聚乙烯或聚丙烯塑料袋。此时需要将鹅整形。可将鹅的两翅反折，双腿弯曲并贴紧鹅体，双脚趾蹼分开贴平。经这样整理后的白条鹅可以顺利套入塑料袋，并可减少占有的冷库容积，白条鹅的外形也比较美观。

白条鹅装袋后，再装入专用纸板箱，箱内底面衬两张瓦楞纸板，每箱一般装6只白条鹅，纸板箱再用包装带扎好，用打包机将包装带3道捆扎围成"＋＋"形。箱体上应分别用红色、浅绿色和黑色3种颜色分别标有一、二、三级品，并用颜色在箱体上标记生产单位、品名、只数、毛重和净重等。

（7）速冻、冷藏 为了保证鹅肉品质不变坏，用一定的低温将鹅体温度迅速降下来，直至肉纤维中的水分和肉纤维全部冻结，称为速冻或急冻。速冻间温度应保持在 $-25℃$ 以下，相对湿度需在 90% 左右。快速冻结的鹅肉质量较好，鹅肉干耗也降低。试测鹅肉温已达 $-15℃$ 时即可转入冷藏。

2. 分割

分割鹅体积小、易携带、好冷藏、适烹调、对口味，受到消费者的普遍欢迎。

（1）分割鹅工艺流程 经屠宰放血，脱毛清洗后的鹅屠体→去左爪（翅）→去右爪（翅）→断"三管"（气管、食管、血管）→抽动食管、气管→开膛→去内脏→去食管、气管→卫生检验→副产品加工→水洗→去头→去颈→取胸、取腿或劈半、品种分类→修整→预冷→整形套袋→复检→封口→称重→打包→速冻→冷藏。各主要工艺流程的具体要求及操作为：

1）去爪。用刀尖从鹅跗关节处割下左、右爪，要求刀口平直、整齐。

2）断"三管"。从鹅下颌后寰椎处，用尖刀平直割断其食管、气管和血管。

3）抽动食管、气管。先用手将食管（气管）的内容物向下推移，以防内容物泄出，污染鹅体；再用刀将"二管"的断端捏紧，抽动"二管"，以方便食管、气管的取出。

4）开膛，去内脏。将鹅体肛门向外，用小刀沿腹中线打开腹腔，刀口要求平直、整齐，注意保证内脏器官的完整性，取出部分或全部内脏，水洗，再用方刀沿胸骨脊左侧向后向前平移开胸，取出全部内脏。

5）卫生检验。由兽医检验人员进行鹅胴体和内脏同步检验，看其有无病变现象，以防病鹅混入，确保产品质量，检验后的内脏送副产品车间进行加工。

6）水洗。用流动的清洁水冲洗鹅胴体，并去除胸、腹腔内的残留组织和血污等。

7）去头。从下颌后寰椎处平直斩下鹅头（带舌头），去除嘴角皮。

8）去颈。从颈椎基部与肩的联合处平直斩下颈部，去掉皮下的食管、气管和淋巴。要求在第 15 颈椎处斩下，前后可相差 1 个颈椎。

9）取胸。在胸骨后端剑状软骨处下刀，沿着肋骨与胸骨的连接处，分别从左、右两侧使其分离，直到前方与乌喙骨分离，取下整个胸骨及其上的胸肌。整块胸可以作为产品；也可以用刀沿胸骨脊左侧，把胸肌纵切两半，取下左侧胸肉、右侧胸肉作为产品；还可以先沿胸骨左侧和脊椎骨左侧把胴体劈半，再用刀由剑状软骨至髋关节前缘处，把左右两胴体横切成 4 块，其中胸部的两半边分别作为Ⅰ号硬边鹅胸肉和Ⅱ号软边鹅胸肉。

10）取腿。可先在左侧腿与躯体连接处，用刀在髋关节处取下左腿，再在右侧用相同方法取下右腿。也可以在上述取胸胴体劈半，切成 4 块后，把其中腿部的两半边分别作为Ⅲ号硬边鹅腿肉和Ⅳ号软边鹅腿肉。

11）修整。将分离好的分割鹅进行整理（用干净的毛巾擦去血水等），检查有无碎骨，修净伤斑、结缔组织、杂质等，以保证加工产品的整洁美观。

（2）里四件和外四件　在分割鹅过程中，鹅体的一些副产品和内脏器官需要分别加工，一般人们将鹅头、颈、爪和翅称为外四件，而将鹅心脏、肝脏、肫（即肌胃）和肠称为里四件。在分割鹅时，对里四件和外四件的分离加工均有相应的要求：

1）心脏。去心包，挤血凝块，水洗，修伤斑，擦干。

2）肝脏。去胆，修整（即胆部位和结缔组织），擦干血水。

3）肫。去腺胃，去脂肪和结缔组织，开剖，去内容物，水洗去肫皮，去伤斑和杂质，擦干。注意在开刀摘除内容物和角质膜时，应横着开口，保持两个肌肉块的完整，提高利用价值。因肫的售价是白条的 2 倍多，最好单独包装出售。

4）肠。去肛门、脂肪和结缔组织；划肠，去内容物、盲肠和胰脏；水洗，去伤斑和杂质，晾干。鹅肠过去是废物，现在比鹅肉价还高，最好单独包装，速冻冷藏。

5）头。去毛，去嘴角皮，水洗口腔并擦干。

6）颈。去毛，去伤斑和杂质，清除残留食管和气管，水洗，擦干。

7）爪。去脚皮，去脚壳，修整，去伤斑和杂质，水洗，擦干。

8）翅。去残留羽毛，修整，去伤斑和杂质，水洗，擦干。

（3）其他废弃物的整理 胆和胰脏冲洗干净单独包装，可供制药厂加工药用物质。其他废物可收集到一块，供饲料加工厂加工饲料用。

在屠宰加工过程中，鹅的各类产品的整理，是提高原料产品质量和效益的主要措施，应下功夫把这项工作抓好。

（4）分割鹅产品品种及质量要求

1）分割鹅产品品种。包括分割肉（Ⅰ号硬边鹅胸肉，Ⅱ号软边鹅胸肉，Ⅲ号硬边鹅腿肉，Ⅳ号软边鹅腿肉）、分割外四件（头、颈、爪、翅）、分割里四件（心脏、肝脏、肫、肠）共12个品种。

由于市场需要和分割工艺的不同，有的可带骨，有的不带骨，有的有剩余的带肉骨架，有的则没有。

2）分割鹅质量要求。无病害，兽医卫生检疫检验合格。肉质必须新鲜，外表面不准有擦伤、破口，边缘允许存在少量的修割面，分割肉皮肤上不得有残留羽毛，胸、腹腔内必须无残留内脏，无胆汁、粪便、肠胃内容物污染及泥污和血污等现象，要符合食品卫生要求。分割鹅的各分割块的刀口必须整齐、平直，不得在整修过程中污染胴体，不得有残留内脏、碎骨，更不能带有其他异物，各脏器必须完整清洁。经加工过的分割鹅必须包装整齐美观；包装物必须清洁卫生；品质、冷冻等正常。

（5）分割鹅的包装及冷藏保藏 经修整好的分割鹅及其副产品，要按不同品种、规格进行分架摊开，进行预冷，摊放时尽量不要使它们重叠。预冷间的温度应保持在0~4℃，预冷1~2小时后，当肉温不高于20℃时，即可进行包装。

包装前，要对各分割鹅及其副产品进行整形，使其平整美观，然后按品种、规格进行分类套装。分级鹅肉按品种每块（每块的重量不限）为一个小包装；心脏、肝脏0.5千克为一个小包装；肫、爪、翅和肠分别5千克为一个小包装；头、颈20千克为一个大包装。所用套袋必须是聚乙烯、聚丙烯等对食品无毒的包装材料，少数要求较高的，也可使用复合薄膜包装袋，但复合薄膜价格较高。

分割鹅及其副产品的内包装用无毒塑料袋，外包装则用纸板箱，各品种分割鹅每箱净重均为20千克。箱外用包装带打3道捆扎，呈"＋＋"形。箱外体表应按规定印上品名、净重、产地、日期。

打包后即可进行速冻，速冻间温度应保持在 -25℃ 以下，结冻时间为 46~64 小时，当肉温达 -15℃ 以下时，即可转入冷藏库冷藏。冷藏库的温度需保持在 -18℃ 以下，出库的分割鹅温度应保持在 -15℃ 以下。

3. 鹅肉新鲜度的检查

鹅肉新鲜度的检查主要是判断鲜鹅肉、分割肉及解冻肉的新鲜程度和利用价值。它是以测定肉腐败分解产物及所引起的外观变化和微生物的污染程度作为依据的。

（1）感官检查　依靠人的感觉器官进行检查，方法简单易行，适宜做现场初步检查。相关标准见表 8-3，但是感官检查只有在肉已深度腐败时才能被察觉，并且不能反映出腐败分解产物的客观指标。

表 8-3　鹅肉的感官检查

性状	一级鲜度	二级鲜度	变质肉
眼球	眼球平坦，冻品稍凹陷	眼球皱缩，晶状体稍混浊	眼球干缩凹陷，晶状体混浊
色泽	皮肤有光泽，因品种不同呈浅黄色、乳白色或浅红色，肌肉切面有光泽	皮肤无光泽，肌肉切面有光泽	皮肤无光泽，局部发绿
黏度	外表稍湿润，不粘手	外表干燥或粘手，肌肉切面湿润	外表干燥或粘手，新切面发黏
弹性	肌肉有弹性，指压凹陷不明显	肌肉弹性差，指压后凹陷恢复慢	肌肉软化，指压后凹陷不能恢复，有明显痕迹
气味	具有鹅肉固有的气味	有轻度异味	体表或腹腔有不愉快气味或臭味
煮沸后的肉肠	透明澄清，脂肪团聚于表面，具有特殊香味	稍有混浊，脂肪层小滴浮于表面，香味差，但无脂肪变质等异味	混浊、发泡、脂肪滴小，有腥臭味

注：表中的变质肉一栏不是国家标准，附上供参考。

（2）细菌污染度检查　由于肉的新鲜度降低主要是细菌繁殖的结

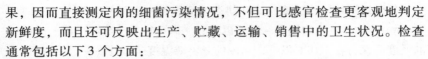

果，因而直接测定肉的细菌污染情况，不但可比感官检查更客观地判定新鲜度，而且还可反映出生产、贮藏、运输、销售中的卫生状况。检查通常包括以下 3 个方面：

1）细菌数测定。用棉拭法采样，平板倾注法做细菌计数。当细菌数超过 5000 万个/厘米^2 时，感官上即出现腐败征候。

2）涂片镜检。根据表层和深层肌肉的球菌和杆菌的分布情况及数量，大体判断肉的新鲜度。新鲜肉的涂片或浊片看不清痕迹，染色不明显，表面肌肉可见到少数几个球菌或杆菌，深层见不到细菌。次鲜肉的涂片稍有痕迹，易着色，表面肌肉可见到每个视野有 20~30 个球菌、几个杆菌，深层有不到 20 个球菌和杆菌。不新鲜肉的涂片污痕重，着色浓，表层有大量球菌、杆菌，严重时不可计数，深层有 30 个以上，杆菌占优势。

3）色素还原试验。根据细菌生命活动产生还原酶类能使指示剂变色的原理，间接测定污染程度。常用的指示剂有亚甲蓝、刃天青和氯化三苯基四氮唑。

（3）生物化学检查 生物化学检查是指以生化方法寻找蛋白质、脂肪的分解产物，进行定性、定量分析。测定项目较多，常用的项目如硫化氢试验、胺测定、酸度——氧化力测定、挥发性盐基氮测定、挥发性脂肪酸测定等。我国国家标准规定进行挥发性盐基氮的测定，每 100 克中的含量小于或等于 13 毫克为一级鲜度，小于或等于 20 毫克为二级鲜度；另外，每千克肉的汞含量应小于或等于 0.05 毫克。

此外，对于加工者来说，活鹅屠宰的鹅肉与死鹅屠宰的鹅肉，质量与利用价值相差很大，必须鉴别后分别利用。这两种鹅肉的鉴别见表 8-4。

表 8-4　活鹅屠宰与死鹅屠宰的鉴别

项目	活鹅屠宰	死鹅屠宰
放血	放血良好，肌肉切面不平整，周围组织被血液浸润	放血不良，肌肉切面平整，周围组织并不浸润
切面	浸润，呈鲜红色	血液呈暗红色
皮肤	表面干燥紧缩，常带微红色	表面粗糙，暗红色，有青紫色死斑
脂肪	乳白色或浅黄色	暗红色
肌肉	切面干燥，有光泽，肌肉有弹性，呈玫瑰红色，胸肌白中带微红	切面不干燥，暗红色，无弹性

（4）**检疫** 检疫按屠宰、分割依次进行。

1）皮肤、全身浆膜检查。检查皮肤是否光洁，皮肤、黏膜是否有出血斑。剖检头、颈、口腔、气管黏膜，检查是否有出血及浆液性、黏液性分泌物，检查上腭表面是否有异常情况。

2）内脏器官检查。检查肝脏、脾脏是否肿大，表面是否有黄白色坏死点，肝脏、脾脏、肠及肺脏等器官表面是否有灰白色或黄色的小结节；检查心包内是否有浆液性纤维素性渗出液，心内膜、外膜是否有出血点；必要时可以剖检盲肠、直肠等肠是否有出血、异常、溃疡。

3）兽医卫生检验时，对鹅宰杀前表现出的患病鹅要及时剔除，而一些在宰杀前尚无明显症状，但宰杀后在半净膛白条鹅体上有表征的，也应及时剔除另行处理，不得进一步加工成鹅肉产品。

第三节 鹅肉的贮藏

一、鹅肉的冷藏加工

（1）**冷却** 冷却的目的是延缓微生物对肉的渗入和在其表面的发展。冷却一般在冷却间进行。屠宰后的鹅吊在挂钩上冷却，冷却通常采用冷风机降温，使室内温度控制在 0~4℃，相对湿度为 75%~84%。当胴体内部温度降至 8℃ 以下时，预冷阶段即结束。在冷却之前，为使胴体外形美观，常要进行人工整形。冷却后重量损失 0.5%~1.2%。

（2）**冻结** 冻结是使肉中所含的水分在制冷条件下大部分冻结成冰，使温度降低到冻结点以下，一般温度在 -25℃ 左右。冻结的速度对肉的质量有实质性影响。慢冻在肌肉组织内形成的结晶中心数量少；速冻形成的结晶中心数量多、体积小，比慢冻更易恢复原来的性质。

冻结多采用吹风冻结，即将冷却过的胴体放在金属盘内，在温度为 -25℃ 或更低些，相对湿度在 95% 以上，空气流动速度为 2~3 米/秒的条件下结冻。装盘时，将鹅的头颈弯回插到翅下。

二、鹅肉的辐射保藏

1. 肉的辐射保藏工艺

（1）**原料的验收及预处理品** 辐射前对肉品进行挑选和品质检查。要求肉品质量合格，初始菌量低。在肉品中增加微量的抗氧化剂，可减少辐射过程中维生素 C 的损失。

（2）**包装** 为了防止在辐射处理以后的环节中出现二次污染，一般是带包装进行的。包装材料一般选用密封性好的高分子复合塑料膜，如聚乙烯、尼龙复合薄膜。包装方法常采用真空包装、真空充气包装等。

（3）辐射处理　常用辐射源有^{60}钴、^{137}铯和电子加速器 3 种。在肉食品加工中多用^{60}钴作为辐射源。

2. 辐射对肉品质的影响

（1）产生辐射味（类似蘑菇味）　辐射味的大小与辐射剂量成正比，这种异味是由于含硫蛋白质分解产生的甲硫醇和硫化氢引起的。为减少辐射味，一般采用低温辐射处理，起始肉品的温度为 -40℃，辐射结束后肉的温度不超过 -8℃。肉在辐射时加入抗氧化剂、柠檬酸、香料、维生素 C 等也可以控制辐射味。

（2）使肉嫩化　辐射射线使肉的肌纤维出现断裂，提高肉品的嫩度。

（3）颜色的变化　鲜肉及其制品在真空无氧条件下辐射处理，瘦肉的颜色更鲜艳，肥肉也呈现浅红色，这种颜色在室温贮藏下会慢慢地褪去。

3. 辐射肉品的卫生安全性

辐射食品无残留放射性和诱导放射性，不产生毒性物质和致突变物。辐射会使食品发生理化性质的变化，导致感官品质及营养成分的改变，变化程度取决于辐射食品的种类和辐射剂量。根据大量的动物试验结果表明，辐射在保藏食品方面是一种安全、卫生、经济有效的新手段。

第九章 鹅肉及鹅蛋的加工技术

第一节 鹅肉制品加工技术

一、香腊鹅

香腊鹅，以四川隆昌市生产的香腊板鹅久负盛名。它历史悠久，加工精细，集色、香、味、美于一体。其特点是鹅坯光洁美观、肥瘦适度、浅紫红色、香气四溢、风味独特、香腊味浓、味美适口，是有名的腌腊制品。

（1）鹅的选择 选择健壮无病，胸肌丰满，肉质细嫩，脂肪适度，脂熔点高，不现胸骨，体重在 5～6 千克的生长期在 1 年以内的肥仔鹅。有条件的可在宰前半个月加料催肥。

（2）宰杀脱毛 鹅宰前检疫，剔除病鹅，禁食 24 小时，供足饮水，有利于放血。宰时割断气管、血管、食道，放净余血，使鹅肉不充血、出血。放净血后，干拔净鹅毛，再放入 70～80℃ 热水中充分搅动，使羽毛浸透，脱净羽毛。脱毛后，用自来水洗 2～3 次，洗净血污、皮屑及皮肤污物，使皮肤清洁，切除翅、脚，从胸到腹剖开，取出气管、食道、嗉囊、内脏、肛门，用自来水洗净血污，放进清水中浸泡 4～5 小时，换水 2～3 次，涤尽体内余血。

（3）压扁整形 将沥干的鹅放于桌上，背向下，腹朝上，头、颈卷入腹腔，双手在鹅胸骨部用力按压，压平胸部人字骨，使鹅坯成为扁平椭圆形坯体。

（4）搽盐干卤 整形后的鹅坯搽上盐末（盐用微火炒干，加适量小茴香碾细），抹盐时胸、腿部肌肉厚处用力搽抹，使肌肉与骨骼受压脱离。鹅坯抹盐后平坦堆放于缸中，放完后在最上面的鹅坯上撒一层盐，放置 16～20 小时。鹅坯卤透后就可出缸，沥净血水，必要时倒缸复卤6～8 小时。

（5）**配卤腌制**　将初卤出缸的鹅坯转入卤缸中，逐个平坦堆放，装缸后用竹片盖住，竹片用石块压紧，使鹅坯全部淹在卤液中（卤液的配制：每100千克水中加盐30~35千克煮沸，使盐溶化呈饱和溶液，倒入缸中，加入碎老姜500克，八角、花椒、山奈各250克，炒茴香100克，桂皮300克），卤制时间随鹅的大小、气温的高低而变动，一般卤制24~32小时就可卤透出缸。

（6）**整形烘干**　出缸后的鹅坯，用软硬均匀、长短合适的竹片3块，从鹅坯胸、腰、腿部撑开呈扁平形，挂在架上，用自来水洗净并擦干，再排坯整形，拉直鹅颈，两腿展开，将鹅坯人工整理匀称，晾挂在阴凉通风处干燥，可设专用烘房或远红外烘烤箱烘干，即为成品，可包装出售。

二、南京烤鹅

南京烤鹅是江苏省的传统特产。其特点是色泽枣红，外脆里嫩，美味可口。

（1）**原料**　选用当年生长育肥的健康鹅，体重在2.5千克以上，从胴体上切去脚爪、小翅，在右翅下开膛除去全部内脏，用清水洗净，再放入冷水里浸泡1小时左右，晾挂沥干水分备用。饴糖和水按1:5配比作为挂色料，另备八角2粒，姜2~3片，葱结1个。

（2）**制法**

1）淋烫。用100℃沸水浇淋晾干的鹅体表，使肌肉和外皮绷紧。

2）挂色。烫皮后，用饴糖水涂抹在鹅体表全身，先挂上颜色，放通风处晾干皮肤。

3）填料。用竹管（闭塞）插入鹅肛门，再由切口处向腹内投放另备的调料。

4）灌汤。由切口处向体腔内灌入100℃开水70~100毫升，待进炉后在高温下这些水急剧汽化，形成"外烤里煮"，达到外脆里嫩。

5）烤制。鹅坯进入炉膛后，先以180~200℃烤30~40分钟，烤熟，再升温至240~250℃爆烤5~10分钟，爆色产香，直到鹅全身呈枣红色即可出炉。

6）冷却。烤鹅出炉后先拔出肛门中的竹管，将腹腔中的汤汁收集起来，加少量开水，再入味精、酱油、盐、糖调制熬煮待用。烤鹅冷却后切块放入盘中，然后浇上调制好的汤汁就可食用。

三、广东烧鹅

广东烧鹅是广东有名的烤制品，特点是色泽鲜红、脂肥肉满、皮脆肉香。

（1）配料 按100千克鹅坯计算，配好五香粉盐、酱料和麦芽糖溶液。五香粉盐的配制：精盐4千克和五香粉400克混合。酱料的配制：豉酱1.5千克，蒜头（压碎）、麻油各200克，盐、白糖少量，先拌成调味酱，然后再加入白糖400克，50度白酒100克，碎葱白200克，芝麻酱200克，生姜400克混合调匀。麦芽糖溶液的配制：麦芽糖200克，凉开水1千克，搅拌溶化。

（2）选鹅宰杀 选用经过育肥的清远黑鬃鹅（又名乌鬃鹅），体重以2.25～3千克最佳。活鹅经宰杀、放血、褪毛后，肛门处开膛。在第2关节处切除双脚和翅膀，洗净沥干，然后向每只鹅腹内放进五香粉盐1汤匙，酱料2汤匙，使其在体腔内分布均匀，并用竹针缝合切口，尔后以70℃热水烫洗鹅坯，体表涂抹麦芽糖溶液后挂起晾干。

（3）烤制 把已晾干的鹅坯送进烤炉，先用微火烤20分钟，将鹅身烤干后，把炉温升高至200℃，不断转动鹅体烤制。最后将鹅胸转向火口继续烤制25分钟左右，便可出炉。烤熟的鹅坯出炉后，体表涂一层花生油，即为成品。

（4）食用方法 烧鹅出炉后以热吃为好，放置时间长，鲜味和适口性会下降。加工单位应随加工随销售，避免烧鹅变质。

四、杭州酱鹅

杭州酱鹅色紫光亮，味芳香，宜蒸熟切片，佐餐下酒。

（1）配料 按100只净膛白鹅计算，用盐7.5千克、酱油41.5千克、糖0.75千克。

（2）制作方法 取净膛白鹅，去爪后，内外用盐50克均匀抹擦，腌渍36～48小时。沥净血水，体腔灌满酱油后，尾部朝上，仰天放入酱缸内浸3天，翻身后再浸3天，即可起缸撑棒，穿鼻吊绳。用酱油和糖煮沸的料水浇淋或原只入锅浸烫1～2分钟，使肌肉表皮绷紧，外形饱满，然后提起沥干，冬季挂太阳下晒3天即为成品。

五、苏州糟鹅

苏州糟鹅以闻名的苏州太湖白鹅制成，相传已有100多年的历史。其特点是皮白肉嫩，香气扑鼻，味美爽口，翅膀、鹅脚各有特色，别有

风味，一年一度于 5 月上旬上市供应，是夏令畅销食品。

（1）配料 以 50 只太湖白鹅（每只重 2～2.5 千克）计算，共需配料：陈年香糟 2.5 千克，黄酒 3 千克，大曲酒 250 克，花椒 25 克，葱1.5 千克，姜 200 克，酱油 0.75 千克，盐 3.5 千克。

（2）制作方法

1）将宰杀、放血、脱毛、取内脏并洗净的光鹅放在清水中浸泡 1 小时取出，沥干水分后，入锅用旺火煮沸，除去浮沫，随即加葱 0.5 千克、姜 50 克、黄酒 0.5 千克，用中火煮 40～50 分钟后起锅。

2）起锅后，在每只鹅身上撒一些盐，然后从正中剖开成两片，并将头、脚、翅斩开，一齐放入经过消毒的容器之中，约 1 小时，将其冷却。

3）将锅内原汤中的浮油提清，再加酱油 0.75 千克、盐 1.5 千克、葱花 1 千克、姜末 150 克、花椒 25 克后，倒入另一个容器冷却。

4）用糟缸 1 只，将冷却的原汤放入缸内，然后放入鹅块，每放两层加一些大曲酒，放满以后，配的大曲酒正好用完，在缸口盖上一只盛有带汁香糟的双层布袋，袋口比缸口略大一些，以便将布袋捆扎在缸口，使袋内汤汁滤入糟缸内浸润鹅体，待糟液滤完，立即将糟缸盖紧闷 4～5小时，即为成品。

5）带汁香糟的做法是：将陈年香糟 2.5 千克、黄酒 2.5 千克倒入盛有冷却原汤的另一个容器中，拌和均匀。

六、熏鹅

熏鹅外形美观，色泽红亮，清亮可口，叶鲜肉嫩，风味独特。

（1）原料 肉用仔鹅脏器全净的胴体，要求皮肤完整无缺，每 50千克白条鹅，备盐 1.5 千克、大油（即猪油）0.5 千克、花椒 25 克、大料 25 克、桂皮 12.5 克、小茴香 12.5 克、生姜 100 克、红糖和白糖各0.5 千克配料。

（2）制法

1）煮坯。将配料放入锅内清水中，煮沸，将鹅坯浸入沸水中 15～20 分钟，其中边烧边沸 7～10 分钟，停火焖鹅 7～10 分钟。中途把鹅搅拌 2～3 次，以便热水进入腔内，并撇去浮沫。要求达到鹅肉煮熟，骨头还生（略带红色有血），即捞出、挂凉、晾干待用。

2）熏制。把熏蒸铁架放在镬中，点猛火将镬烧红冒烟，再把晾干的鹅坯放在熏蒸架上，盖好镬盖猛火烧2～3分钟，使鹅坯温度提高，开镬盖向镬中加糖，每只鹅约50克，用1/3红糖，2/3白糖，立即加盖，并要严盖不漏烟。在糖烟中熏2～3分钟，开盖取出，趁鹅体热时，用刷子在鹅全身刷上一层麻油，以提高色泽度和香味，这时即完成。

下面介绍闻名遐迩的福建省武夷山市岚谷熏鹅的独特做法。

福建省武夷山市岚谷乡群众有加工熏鹅的传统，其制作工艺已有数十年历史。它的特点是制作精细，其成品香味浓郁且偏辣，色泽为浅茶褐色，体型美观，软硬适中。用于加工的鹅，选健壮无病、肌肉丰满、脂肪适度，体重在4～5千克，生长期在一年之内的活仔鹅。

制作方法是宰杀脱毛，压扁成形，放锅里清煮至七八成熟，捞起后沥干水分。周身涂上细盐、辣椒粉、香料粉、红酒等佐料，经1～2小时晾干后，用托盘盛着放在锅里，锅底预先放有糯米，用文火慢慢烤焦糯米熏烤鹅肉至香味四溢（熏烟温度为45℃，熏制时间为1～2小时），涂油（芝麻油），即为成品。此时鹅皮金红透亮，加上点辣椒粉映衬，十分美观，食之，香辣醇厚，已成酒楼宴客佳品。

岚谷熏鹅因带有偏辣的香味，备受当地群众、武夷山风景区广大游客和海内外客商青睐，呈供不应求之势。

七、盐水鹅

盐水鹅的特点是鹅肉白净，清爽，吃口鲜嫩，常作为冷盘上席。

（1）配料　光鹅1只，花椒盐（炒干的细盐，以及五香粉、花椒粉各少许，混合均匀）适量（占鹅体重的1/16），按每1～2千克鹅体重计算，用葱结4个，姜片6片，黄酒30克，食盐3克，白汤适量。

（2）宰杀、擦盐　将鹅放血、去毛，在其翅膀下软的地方，用刀割个小洞，挖出内脏，用清水洗净，沥干水，用花椒盐擦遍鹅体内外，然后放入容器中腌2小时左右。

（3）煮制　将水放入锅里用旺火烧滚，投入腌好的鹅，上下多次翻动，煮至断红捞出，用冷水冲洗，将花椒洗净，使鹅肉白净。

（4）加工食用　鹅卧放于容器中，放入葱结、姜片、黄酒、食盐、白汤（淹没鹅）后放在笼屉中，加盖，用旺火蒸至脊膀也刻得动，鹅腿刻入无弹性即可，出笼放在原汤中冷却，食时取出斩冷盘。

八、鹅肫干

鹅肫干颜色乌黑，形状扁平，甘香清脆，味美可口，是下酒、佐餐之佳品，也是馈赠佳品。

（1）选料 先将鲜鹅肫剥去胃囊外面的浮油，洗净后用刀顺胃囊的正中线纵向剖开，冲洗掉囊内食糜，撕下内金，再用清水冲洗干净，沥干水分。

（2）配料 按鹅肫50千克计算，用精盐5千克、硝酸钠50克，将盐和硝酸钠混合拌匀备用。

（3）腌制 用混合后的盐逐一擦涂鹅肫，然后将其装入腌缸内，逐层平铺开，腌制6天，每隔2天翻1次缸，以便腌制均匀。

（4）晾挂 腌好出缸时，每10只鹅肫用细麻绳串成一串，先置太阳下晒2天，每天用手按压整形，最后移到通风库房晾干，待其表面变黑发亮、板底发青、质地板结时即为成品。

晾挂时间多则半年，过长会使鹅肫干缩变味；也可保存在缸内，以减少水分蒸发和降低氧化速度。

（5）食用方法 先将鹅肫干用冷水浸泡使之回软，并清洗干净，用冷水煮沸后以文火煮1小时即可起锅，冷后切成薄片，食之香、脆、鲜嫩，边饮酒边品尝令人回味无穷。

九、烤鹅翅

（1）腌制液的配制 磷酸盐0.5千克，味精0.4千克，食盐5~7千克，黄酒1千克，洋葱、桂皮、香叶适量，加水至100千克煮沸后待用。

（2）原料处理 拔净翅膀上的残毛并洗净。

（3）腌制 取翅膀重量20%~30%的腌制液，将鹅翅放入腌制，在5℃条件下腌20~24小时。

（4）烘烤 把腌制过的翅膀沥干后，放在涂抹过油的盘中，然后放进烤炉，在170℃下烤20分钟，然后涂抹黄酒或香油，继续烤15~20分钟，中途涂抹1~2次油或糖液。

（5）产品成品 棕黄色，味香，并且越嚼越香，是下酒佳品。

十、广东烧鹅脚扎

鹅脚扎是广东烤制品中著名的花色品种，具有色泽鲜艳、外形美观、甘香爽滑、味美可口的特点。

（1）原料 烧鹅脚扎以鹅脚、猪肥肉、鹅肝、鹅肠为原料，每100只鹅脚用猪肥肉1.5千克，鹅肝0.75千克。

（2）配料 按以上原料用白糖3.25千克，盐1千克，生油2千克，

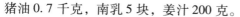

猪油0.7千克，南乳5块，姜汁200克。

（3）制法 鹅脚最好去骨成为鹅掌；鹅肠和猪肥肉先用水煮熟；鹅肝则利用烧制的卤汁卤熟。猪肥肉和鹅肝均切片，呈长方形，猪肥肉每片重15克，鹅肝每片重7.5克；每只鹅脚夹1片猪肥肉、1片鹅肝，用鹅肠扎好，放进已搅匀的配料中，腌制30分钟后，用排环穿上，在炉中烤15分钟（炉温掌握在250℃）后，取出淋上麦芽糖溶液（麦芽糖100克，凉开水500克），即为成品。

（4）食用方法 烧鹅脚扎适宜随买随吃，用刀切块，摆在碟中，食用方便。

十一、白斩鹅

（1）原料 选用当年肥嫩仔鹅1只，一般在3.5千克以上，配以多种调料（姜、葱、食盐、丁香、八角、小茴香、桂皮、花椒等）。

（2）制法 宰杀仔鹅，放尽血，去毛，在右翅下开3指宽的切口，取出内脏，洗净，沥干待用。从切口处加入食盐、葱、姜，在肛门内插一个竹管。在锅中加清水，将小茴香、桂皮、花椒、丁香、八角用布袋装好放入。将鹅放入，用文火焖煮。一般水温在85℃左右，20分钟之内即熟；日龄长的可延长时间。也可以看鹅脚关节皮肤脱节即好，切忌煮太熟，出锅冷却后斩块装盘，淋上配制的卤汁。

白斩鹅色泽嫩黄、光亮油润、肉嫩酥烂、味美鲜香、咸淡适口、食而不腻、是下酒好菜。

十二、板鹅

（1）制坯 取重3~4千克的成年鹅，屠宰、去毛、除内脏、洗净，保留头、颈，剔除翅尖和脚。沿胸骨凸起处至泄殖腔剖开，用力压平，制成鹅坯。

（2）腌制 按每只鹅用盐200~250克的比例，加少许花椒，在铁锅内用文火炒热。将鹅坯背部平放在桌上，用2/3的热盐反复揉搓胸腔、腹腔、翅腿、颈部，余下1/3热盐可揉搓背部。然后，将鹅坯背部向下逐只码在缸内，颈部用石头加压，经5~7天取出沥干，用竹片或树皮翅腿斜角对撑开胸腹部。

（3）烟熏 将腌制好的鹅坯平放在熏室的架上或头向下倒挂在架钩上，用锯木屑或少量松、柏树皮以暗火烟熏4~6小时，中途翻动1~2次。熏制完成即可上市，也可挂在低温、通风处保存2~3个月。

十三、鹅肉干

（1）原料 取重 3 千克以上成年鹅的胸肉、腿瘦肉，不含脂肪、筋膜和皮肤，用清水浸泡 0.5 小时后，除去血水、污物，再用清水漂洗。肉块在锅中加热煮沸 10 ~ 15 分钟，待不显红色时捞起，冷却后顺行切成长 4 ~ 5 厘米，宽 1 厘米左右，厚 0.5 厘米的条坯备用。

（2）配料 每 100 千克鲜鹅肉用食盐、生姜各 3 千克，白糖 2.5 千克，白酒 1 千克，八角 700 克，甘草 300 克，山奈、苹果各 200 克，桂皮 150 克，茴香、味精各 100 克，丁香 50 克。

（3）烹烤 先将配料不溶解的物质放入煮主料的汤中熬 2 小时，捞出料渣，再向锅中加入食盐、白糖、白酒、味精，旺火煮 0.5 小时，然后用小火煨 1 小时，待汤汁吸干时，即可起锅。卤浇过肉条盛于筛中，送入 60 ~ 80℃烤房中，经 5 ~ 8 小时，中途翻动 2 ~ 3 次。烤时不宜放置过厚，更不能层层堆放，以利于各部受热均匀。此成品冷却后可用塑料袋密封包装上市，也可放在干燥、阴凉、通风的室内保存 6 个月。

十四、鹅肉松

（1）原料 选取重 3.5 千克以上的成年鹅，宰杀放血，除去内脏、头、颈、翅、脚、皮，放入清水中漂 1 小时，再用清水冲洗干净备用。

（2）配料 每 100 千克鲜鹅肉用盐 2.8 千克，白糖 4.6 千克，白酒 0.4 千克，生姜 0.4 千克，味精 0.1 千克。

（3）烹煮 将鹅坯放入有生姜的清水锅中（每 100 千克鹅肉用 20 千克清水）旺火煮沸，撇净上层浮沫，加盖并用湿布密封锅盖的四周，焖煮 3.5 小时。前 1 小时火要旺，后用小火。煮熟后将鹅坯捞出，剔除骨和筋肋等杂物，并将肉撕散。捞净鹅汤中的固体渣滓后，加入盐、白酒和鹅肉，再加热煮 1 小时，撇去浮油，然后再加白糖、味精等配料，小火煮至汤汁基本收干。

（4）焙炒 将肉坯放入铁锅中，文火焙炒至肉质变干，显蓬松后即起锅放入圆簸箕中，用木质搓板反复轻轻揉搓，使之蓬松即为成品。成品色泽光亮，冷却后装入塑料袋或陶瓷罐中密封，可贮存半年。

十五、麻辣鹅肉脯

（1）原料和配料 净鹅肉 100 千克，精盐 2.5 千克，白糖 2 千克，胡椒粉 100 克，花椒粉 200 克，辣椒粉 500 克，白酒 500 克，碳酸钠 50 克。

（2）原料处理和腌制　将白条鹅去皮和脂肪，剔骨，分割整块胸脯肉及腹肉，切成 2 毫米厚的薄片，按麻辣配方加入配料拌匀，腌制 1 小时。

（3）烘干　先将腌制后的鹅肉平摊在竹筛网上，厚度为 2 ~ 3 毫米（厚薄要均匀），然后放入烘房内加热脱水，温度维持在 70℃左右，时间为 2 ~ 3 小时。

（4）烘烤　烘干后的肉片呈完整薄片状，从竹筛网上取下移入烤盘中，放入烤炉中进行烤制，温度维持在 200 ~ 240℃，时间为 1.5 分钟左右，到肉片收缩出油，表面呈棕红色为止，出炉后立即压平，装入食品塑料袋即可。

十六、卤鹅

（1）原料　肥大光鹅 1 只，卤味料 1 份。卤味料中含八角 1 汤匙，甘草 2 片，草果 1 个，丁香 1 茶匙，芫荽数条，沙姜 5 粒，陈皮 1 角，生抽 75 克，玫瑰露酒 75 克，冰糖 50 克，盐 2 汤匙，清水 12 杯。

（2）制法　将空腔鹅胴体洗净，放入大滚水中氽水片刻，取出并除去鹅肺。用大瓦锅 1 个，放入卤味料，用中火煮 30 分钟，再将氽过的鹅放入，用慢火煮 50 分钟，收火后再浸 1 小时取出候冷，斩件上碟，芫荽数条洗净后伴放碟边供用。

（3）特点　卤鹅肉质鲜嫩，皮肥不腻，卤味浓稠。

第二节　鹅蛋的保鲜、加工与贮运

一、鹅蛋的保鲜

1. 冷藏法

冷藏法是把鲜蛋放在冷藏库中贮存，也是目前贮存方法中效果最好的方法。一般大中城市及部分县、镇多采用此法。它是利用低温抑制蛋内微生物和酶的活动，减缓蛋的生化变化，延缓蛋的水样化速度，并减少干耗。一般能贮存半年以上，仍能保持蛋的新鲜度。其操作要点如下：

（1）冷库消毒　鲜蛋入库前，冷库要事先消毒、清洁及通风换气，以石灰水或漂白粉溶液消毒，消灭库内残存的微生物。

（2）严格选蛋　选择质地新鲜、蛋壳洁净、无破损的鲜蛋入库。

（3）装盘（箱）　大头向上，以减少贴壳蛋和靠黄蛋的产生。蛋盘（箱）之间留间隙，便于空气流通。

（4）预冷 入库前，将蛋放在温度为 0~2℃、相对湿度为 75%~85% 的预冷室内预冷 24 小时。

（5）加强检查 每天定时检查库内温度，所贮存的蛋应经常翻动，一般在 -1.5~0℃，每月翻箱 1 次；在 -2.5~-2℃ 时每隔 2~3 个月翻 1 次。

（6）坚持正确出库 先进库者先出库。出库时，应在温度 10℃ 的预热室内放置一定时间，使蛋逐渐升温，切勿骤然升温。否则，蛋"出汗"后极易腐败。

2. 气调法

气调法很多，其中二氧化碳气调法是把鲜蛋贮存在一定浓度的二氧化碳气体中，使蛋内自身所含的二氧化碳不易散发，并且外界的二氧化碳渗入蛋内，使蛋内二氧化碳含量增加，从而减缓鲜蛋内酶的活性，减弱代谢速度，抑制微生物生长，保持蛋的新鲜度的方法。适宜的二氧化碳含量是 20%~30%。气调法贮藏的蛋比冷藏法贮藏的蛋平均降低干耗 2%~7%，并且温度、湿度要求不严格，省费用。

3. 涂膜法

涂膜法是选择适宜的涂料，均匀地涂布在鲜蛋壳上，延长鲜蛋保鲜期的方法。目前涂料种类很多，只要涂料对人体无害皆可选用。涂料方法简便易行，又能降低贮存期的干耗，现将各种涂料法列述如下：

（1）聚乙烯醇涂料法 聚乙烯醇为粉状物，易溶于水，可配制成聚乙烯醇水溶液，均匀涂在蛋壳上，待干后即可贮存。

贵州某科学研究所曾用 3% 聚乙烯醇液浸涂鲜蛋，在常温下曾贮存 10 个月，好蛋率仍达 98%。

（2）石蜡松脂涂料法 用石蜡松脂合剂作为涂料，均匀涂在鲜蛋壳上，在室温下贮存效果也很好。涂料的配比是将石蜡、松脂各 18 份，同时放入 64 份的三氯乙烯或二氯乙烷中溶解，即可使用。

（3）日本涂料法 把 100 份疏水性物质（如石蜡、脂肪等），5 份表面活化剂（如蔗糖、脂肪酸脂、卵磷脂和酪朊酸盐），1.5 份水溶性高分子化合物（如阿拉伯胶、糊精和动物胶等），40 份水（按重量计），在室温充分混匀成为乳浊液后，经 100℃ 加热灭菌处理。

（4）其他 可用于涂料的种类很多，如溶解后的石蜡、明胶、虫胶、火棉胶及蓖麻油等，均可因地制宜，适当选用。

4. 干藏法

干藏法贮蛋，民间采用较多，适宜少量贮存，其方法主要有：

（1）糠谷贮存法 在缸、罐、桶等容器里先放入一层糠谷，然后一层蛋一层糠谷地存放，以放满容器为止，最上面要铺一层较厚的糠谷，并加盖保存，放置阴凉干燥处。以后每隔 10 天翻动 1 次，1 个月检查 1 次，发现变质的蛋要及时剔出，避免污染。如果将蛋大头朝上存放，就不必要翻蛋，但需要每月抽查 1 次。

（2）豆类贮存法 用黄豆、绿豆、豇豆、豌豆等都可以，方法与糠谷贮存法一样，一层豆一层蛋地存放，每半个月检查 1 次。

（3）大米、小米贮存法 贮存方法与上面同，在夏季，应每月将米放到日光下晒几小时，以免虫蛀，冷却后再贮蛋。

此外，还有草木灰、砂粒、松木屑、松叶等都可作为贮蛋的垫盖物。但无论采取哪一种物料贮蛋，都必须晒干、凉透、无霉变。贮蛋后的粮食仍可食用或供它用。

二、鹅蛋的加工

1. 盐蛋

（1）盐泥涂布法 鹅蛋 80 ~ 100 个，食盐 0.6 ~ 0.75 千克，干黄泥粉 0.65 千克，冷开水 0.4 ~ 0.45 千克。将食盐放入瓦缸或塑料桶中，加入冷开水。待食盐全溶后加干黄泥粉，搅拌成为均匀的泥浆。泥浆是否适度，可取一个鹅蛋放入泥浆中，如果该蛋一半浮在上面，一半沉入泥内便为适度。把经挑选的新鲜鹅蛋放进泥浆中，使全蛋粘满泥浆后取出，放到缸内或箱内，经 20 天左右便成盐蛋。有些地方，在涂盐泥后再滚灰，使蛋彼此不相粘连。

（2）盐水浸泡法 清水和食盐按 4：1 配成盐水，即 1 千克清水加 0.25 千克食盐。浸泡时以盐水能浸没蛋面为准。腌多少蛋，就依比例配多少盐水。将食盐和清水放入缸内，充分搅拌，使食盐全溶后，把蛋放入盐水中，经 15 ~ 20 天便成盐蛋。也可按 20% 的盐水配制，放在容器内搅拌，使其全溶，冷至 20℃ 左右便将挑选好的鹅蛋放进盐水中浸泡，经 30 天左右即成。盐水腌制的蛋，比盐泥涂布法成熟快，这是由于盐水对新鲜鹅蛋的渗透作用较盐泥快。

（3）草灰法 鹅蛋 80 ~ 100 个，草灰（以稻草灰为主）2 千克，食盐 0.6 千克，清水 0.8 千克。先把清水煮沸后倒入盛食盐的容器中，适当搅拌，待食盐全溶解且冷却后加入草灰，边加边搅拌均匀，使灰浆稀稠适度。灰浆准备好后，将挑选合格的鹅蛋逐个放入灰浆中，使全蛋粘满灰浆，再行滚灰，即把粘有灰浆的蛋包上一层草灰，包的草灰要厚薄适中，如果包得过厚，会吸去泥浆的水分，影响鹅蛋腌制成熟时间。包好后的蛋放在缸内，加盖严密封好，经30~45天即可成熟。腌制成熟的盐蛋，在25℃以下的环境可保存2~3个月。

2. 皮蛋

鹅皮蛋选用新鲜鹅蛋为加工原料，采用鸭皮蛋的加工方法制作而成。其色泽茶绿透明，清爽可口。

由于鹅蛋蛋体大，一个鹅蛋的大小相当于2个特级鸭蛋，故就加工皮蛋的个数来讲，配料也要相应增加。每1000个鹅蛋要用纯碱7.5千克、生石灰27.5千克、食盐6.8千克、氧化铅0.3千克、红茶末1千克、柴灰6千克、开水110千克。

鹅皮蛋的制作方法与鸭皮蛋相同，一般经浸泡7天后检查质量1次，半个月左右即可达到基本成熟，经检查达到出缸要求后即可出缸包泥贮存。

3. 糟蛋

制作糟蛋时，把新鲜的鹅蛋洗净、擦干，然后置于优质的糯米酒糟中，浸渍2个月以上就成。由于长时间的浸渍，醇类可使蛋黄和蛋白凝固变性，并在酒糟中产生的醋酸作用下，蛋壳软化，蛋壳的大量钙质渗透进入到糟蛋中，含钙量要比普通蛋高40倍。浸渍适时的糟蛋，其蛋壳可以完全脱落，像软壳蛋一样。糟蛋香味浓厚，稍带酒味和甜味，食之满口盈香，增人食欲，也是补钙佳品。

4. 卤蛋

卤蛋是鲜蛋煮熟后剥去蛋壳，加入各种卤料制成的熟蛋制品。卤蛋的风味随卤料种类不同而异，用五香卤料加工的叫五香卤蛋，用桂花卤料加工的叫桂花卤蛋，用鸡汤卤制的叫双汁卤蛋。卤蛋再熏烤的叫熏卤蛋。

卤制时先将鲜鹅蛋煮熟，剥去蛋壳，放进配制好的卤料中进行卤制，蛋入卤锅后用小火卤制0.5小时，当卤汁渗入蛋内即可。

常用卤料配方：以卤100千克鲜蛋计算，配用八角、桂皮、白糖各800克，丁香、汾酒各200克，甘草400克，酱油1.5千克，清水10千克。

卤蛋注意事项：宜当天加工当天销售和食用，如果当天售不完，应回锅复卤后出售。同时，包装容器要清洁、卫生、防污染。

5. 蛋松

蛋松是鲜蛋经油炸后炒制成的疏松脱水的丝状熟制食品。蛋松呈金黄色，质地松散，味鲜香嫩，含水量少，质轻，微生物不易繁殖，便于食用和携带，是旅游和野外工作的方便食品。

加工方法和配料用量，可按各地设备条件和消费习惯而定。配方是：鲜蛋液 5 千克，熟猪油 0.75 千克，精盐 100 ~ 150 克，白糖 250 ~ 400 克，黄酒 100 ~ 250 克，味精少许。先在去壳的鲜蛋液中（全蛋液）加入适量的精盐和黄酒，充分搅拌均匀，并滤去杂质，然后用过滤器把蛋液均匀地滤进沸油锅内炸成黄丝状，并迅速捞出，沥净余油，搓成细丝，接着加入白糖、味精等配料，在微火上炒 3 ~ 4 分钟即为成品。

6. 蛋黄酱

蛋黄酱是以蛋黄及植物油为主要原料，添加调味物质加工而成的一种乳化状半固态蛋制品，其中含有人体必需的亚油酸、维生素、蛋白质及卵磷脂等成分，是一种营养价值较高的调味品，可直接用于调味佐料、面食涂层和油脂类食品等。

配方：植物油 75% ~ 80%，食醋（醋酸含量为 4.5%）9.4% ~ 10.8%，蛋黄 8% ~ 10%，蔗糖 1.5% ~ 2.5%，食盐 1.5%，香辛料 0.6% ~ 1.2%。

（1）配料处理 将食盐、蔗糖等水溶性辅料溶于食醋中，并在 60℃ 条件下保持 3 ~ 5 分钟，然后过滤、冷却备用。将芥末等香辛料磨成细末，再进行微波杀菌。

（2）蛋液制备 将鲜蛋先用清水洗涤干净，再用过氧乙酸及医用酒精消毒灭菌，然后将蛋液打入预先消毒的搅拌锅内。若只用蛋黄，可用打蛋器打蛋，将分出的蛋黄投入搅拌锅内搅拌均匀。蛋黄液在 60℃ 经 3 ~ 5 分钟加热杀菌，冷却备用。

（3）混合乳化 先将除植物油以外的配料投入蛋液中，搅拌均匀，然后在不断搅拌下，缓慢加入植物油，注意向一个方向匀速搅拌；植物油添加速度特别是初期不能太快，否则不能形成水包油（O/W）型蛋黄酱。

第九章

（4）均质 用胶体磨进行均质，胶体磨转速控制在 3600 转/分钟左右。

（5）包装 采用不透光材料（如铝箔塑料袋）进行真空包装。

三、咸蛋的贮运

如果咸蛋成品的质量很好，但贮运不善，也会发生变质和破损现象，所以保管和运输是个重要环节。贮存咸蛋时，既要注意掌握季节性的变化，更要实行有效的管理措施。

（1）仓库的保管 进入仓库的咸蛋，应划分成区和组，按库的纵向排列堆垛。缸（篓）应离墙壁 20～30 厘米远，堆垛之间应留有通道。堆垛要整齐，四面平整，不得带"腰肚"。为使堆装牢固，最底层缸（篓）口上应堆一层拉板并垫平，使其受压均匀，然后逐层堆码，最高不得超过 5 层。对次咸蛋要挂牌号，注明进仓日期和规格等级等，必要时应索取加工原始记录，建立库存档案，作为保管条件的依据。

平时应加强库房管理，坚持每天做好库内温湿度的记录，发现情况则迅速采取措施，加以调节或处理。对商品应勤检查，发现缸（篓）泥料干耗严重时，需用 5% 的盐水喷洒；发现泥头变色或有霉臭味时，要及时出缸（篓）处理。仓库的清洁卫生要经常保持，不得将有异味的商品，如鱼、虾等同咸蛋混合存放，地面要做到"四无"，即无灰尘、无蛛网、无蚊蝇、无鼠害。

（2）贮存保管期 咸蛋的贮存时间与加工季节和蛋源质量变化有密切关系。

对于盐泥咸蛋，春季腌制而成的可贮存 3 个月；夏季腌制的可贮存 1 个月；秋季或小暑至立秋前加工的不宜保存；秋分前后加工的可贮存 2 个月；冬季腌制的可贮存 4 个月。

对于黑灰咸蛋，春季（清明前后）腌制的可贮存 4 个月；夏季（夏至前）腌制的可贮存 2 个月；秋季（秋分前后）腌制的可贮存 3 个月；冬季（立冬前后）腌制的可贮存 4 个月。

此外，用盐水泡制的咸蛋，一般到了成熟时间就相继食用，不可久贮。总之，咸蛋经过久贮，虽不变质，但水分减少，重量减轻，咸度增高，有损风味，同时卵黄油脂消失，中心部位硬结，蛋白发老。

第十章 鹅羽绒生产技术

第一节 羽毛结构及羽绒的测定方法

一、羽毛的结构及其分类

羽毛是禽类皮肤特有的衍生物，可分为 5 种：正羽、绒羽、纤羽、粉羽和半绒羽（图 10-1）。

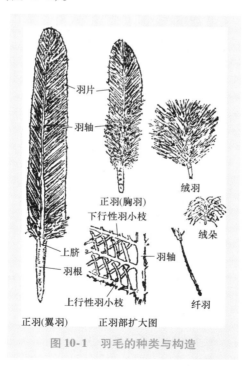

图 10-1 羽毛的种类与构造

（1）正羽 正羽覆盖身体大部分，分为飞翔羽和体羽。飞翔羽又分为附在掌骨上的主翼羽和附在前臂上的副翼羽及尾羽。

正羽附着鹅体的一端是一个插入毛囊的短管称为羽根，即羽轴的下部；羽杆为羽轴的上部，每条羽杆上有与轴成45°角的两列细长的纤丝，称为羽枝。每条羽枝也有两排和羽枝成45°角更细的纤丝，称为羽小枝。这样，邻近羽枝上的羽小枝相互成90°角交叉。斜向羽毛游离端的羽小枝具有许多与近端羽小枝松散地扣在一起的小钩。交织在一起的羽枝和羽小枝就形成羽杆两侧负重的两块羽片。人们常将体羽称为"毛片"，由于"毛片"有较粗的羽枝，经济价值不如绒羽。

（2）绒羽（绒毛）　绒羽包括新生雏鹅的初生羽及成年鹅的绒羽。绒羽短而没有羽杆，以一个绒核放射出细细的绒丝，呈朵状，又称为"绒朵"。在鹅体上每一个正羽的毛囊都有一细软的绒羽，它生长在鹅体正羽的内层，紧贴于皮肤，起隔热作用。绒羽的重量很轻，具有很高的经济价值，人们称其为"绒子"。

（3）纤羽　纤羽少而细软，紧靠正羽的毛囊，位于绒羽之下。它具有一条细而长的羽杆，在游离端有一小撮羽枝或羽小枝。

（4）粉羽　大多数粉羽具有绒羽的结构，但也有的是半绒羽和正羽，它能散发一种直径约1微米的细小角质颗粒所组成的粉粒，似乎作为正羽的一种防水涂料。

（5）半绒羽　半绒羽具有大的羽杆和蓬松的羽片，大多数处于正羽下面起保温隔热作用。此外还有各种中间类型的羽毛。

二、羽区

从外表看，鹅身上全由正羽覆盖，其实并非均匀地覆盖，而是按一定区域成排生长。这些部位称为羽区，反之称为无羽区。

主要有以下10个羽区：头区、颈侧区、翼区、腹区、小腿区、肛门区、背区、肩区、大腿区、尾区（图10-2）。

活拔羽绒需要的是"绒子"和长度在6厘米以下的"毛片"，因为它们具有较高的经济价值。这两种羽绒主要集中在胸部、腹部、腿部、肩部、背部、尾根部、两肋，故而拔毛也就在这些部位。颈的下部、翅膀的下面，这两种羽绒也有一定的数量，也可以拔。其他部位的羽绒，含"绒子""毛片"较少或很少，一般不拔。

活拔羽绒的经济效益与拔毛量、含绒率有关。据分析，拔毛量与含绒率之间呈极显著负相关，故而拔毛时不能只求拔毛面积，应该在绒毛多的腹、侧面多拔，绒毛少的肩、背、颈处少拔，绒毛极少的脚与翅膀处不拔。另外，鹅翅膀上的羽毛和尾部的尾羽，主要是羽轴粗壮、羽毛硬直的"翅梗毛"（大羽），不能做高级填充料，只能作为羽毛球、羽毛肩的原料，价值不高，原则上不拔，种鹅的休产换毛期强制拔羽除外。

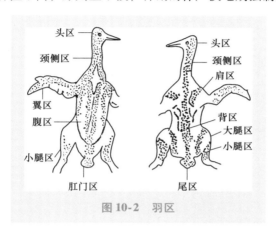

图 10-2　羽区

三、羽绒的测定方法

1. 取样部位划分

颈部，以锁骨为界Ⅰ，后为胸背部；背侧部，包括颈部以后，翅膀与髋骨连线Ⅱ以上的背侧部位；胸部，在背侧部以下，后面以龙骨剑突为界Ⅲ；腹部，剑突以后，髋骨与坐骨连线Ⅳ以下的部位；腹部，大腿游离部位，即髋骨以下的部位（图 10-3）。

2. 取样方法

颈部靠近基部（约第 10 颈椎处），其余各部位均在中心点取样，每个部位活体拔毛取样 1~2 克。结合屠宰测定，宰后立即干拔。各部位分别称重和测定。

3. 测定项目和方法

（1）各部位羽毛重量及其羽毛占体重的比例　于拔后直接用天平称量，并进一步分析各部位绒羽和片羽的比例。最后各部位随机抽取 1 克毛样，将羽绒、羽片、羽轴分离，分别用分析天平称量和计称其相对比例。

（2）绒朵的直径和片绒的长度　用千分卡尺量取绒朵的直径和片绒的自然长度。

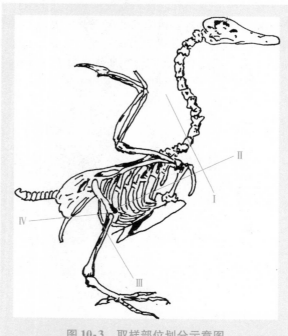

图 10-3　取样部位划分示意图

（3）羽绒羽枝的细度　将绒朵和片绒制成游离纤维玻片标本用显微测微尺量取其羽枝的直径。

（4）羽绒的其他理化性状　按国家进出口商品检验局羽绒加工出口规格质量试行标准和规定的方法测定。

1）自然水分含量。采取胸部混合毛样，按一般测定含水率的办法测定。并用下式计算：

$$自然水分含量（\%）= \frac{原毛重量（克）- 绝对干燥羽毛重量（克）}{原毛重量（克）} \times 100$$

2）蓬松率。取各部位混合毛样，用蓬松仪测定。

3）透明度。取混合毛样 10 克，加蒸馏水 100 毫升浸透，用频率为 250 次/分钟的水平振荡机振荡 4500～5000 次后，经 200 目洁净过滤器过滤，将过滤液倒入透视管内测定透明度。

4）耗氧指数。用高锰酸钾滴定法测定。

5）pH。用精密 pH 试纸测定滤浊液的 pH。

6）含脂率。用索氏油脂抽浸法测定。

7）蛋白质和氨基酸含量。用 VS-KTP 凯氏自动定氮仪和氨基酸自动分析仪测定。

第二节 活鹅拔毛前的准备

一、活鹅拔毛的优点

（1）产量高 通常成年鹅在产蛋条件下，一年可活拔毛 1～3 次，年产羽绒片 100～300 克，多者可达 600 克，可收入 30～60 元。而宰杀一次性拔毛产量为 180～285 克。

（2）质量优，蓬松度好 一次性宰杀鹅取毛要经过热水烫褪和干燥过程，烫褪温度一般在 60℃ 以上，破坏了绒毛内含脂肪，使弹性降低，蓬松度减弱；容易混入其他异色绒毛；干燥过程五花八门，以日晒为主，如果天气不好，潮湿的绒毛很容易成块结团，发霉变质；晾晒中还常常混有泥沙等杂质。活鹅拔毛没有烫褪和干燥这两道工序，因而活鹅拔毛绒纯净，蓬松度高，色泽一致，不含杂质。

（3）有利于综合利用 首先，淘汰的老母鹅可用来活鹅拔毛，延长了利用年限；其次，休产鹅自然换羽时可活鹅拔毛 1～3 次，缩短了换羽期，提高了产蛋量，还可拔取一部分绒毛增加收入；肉鹅、肥肝鹅可拔取 1～3 次绒毛，经济效益可提高 50%～100%；公鹅更是活拔其绒毛的理想禽种。

（4）经济效益提高 活鹅拔毛可以反复多次，在不增加饲养量的情况下，只投入一点人力和饲料，就可迅速达到增产增收效果。同时，活鹅拔毛比浸烫法增加产量，改进了品质，无疑也就提高了经济效益。毛绒的价值主要取决于纯绒的含量。浸烫法获得的绒毛，一般只含纯绒 10% 左右。活鹅拔毛的纯绒含量通常在 20% 以上。各地实践证明，1 只鹅 1 年中活鹅拔毛 3～4 次，比普通宰杀浸烫法取得的绒毛量提高 5～6 倍。

（5）技术简单 活鹅拔毛技术简单易掌握，容易推广应用，社会效益好，为广大农民提供了一条勤劳致富的新途径，应当尽快应用推广。

二、可供拔毛的活鹅

（1）肉用仔鹅 肉用仔鹅养到 80～90 日龄时，羽齐肉足，已可上市，一般不进行活鹅拔毛。因为这时产毛量少，含绒率低，绒朵较小，而且活鹅拔毛会影响上市仔鹅的外观品质。俄罗斯扎尔科娃对 11 个品种鹅进行活体拔毛试验，发现所有品种在 10 周龄时没有成熟的绒毛和羽毛的比例较高，没有成熟的绒毛多数在 5% 以上，最高为 13%；没有成熟的羽毛多数在 10% 以上，最高达 24.1%。因此，她认为对 10 周龄的鹅进行活鹅拔毛是不适宜的。但是，如果当地饲料条件丰盛，仔鹅上市集中，价格不高，就可以拔 1 次或几次羽绒，让仔鹅继续长肉增膘，延迟到价格较高时再出售，这样既有羽绒的收入，又有价格升高的增收额。

（2）后备种鹅　早春孵出的后备种鹅，养到 5～6 月即可开始拔毛，每隔 1 个多月拔 1 次毛，可连续拔 3～4 次，到 10 月初新毛长齐，后备种鹅也就可以开始产蛋了。后备种鹅在这一段时间原来是没有经济收入的，通过活鹅拔毛，每只鹅可增加收入 10 多元。

（3）种鹅　种鹅 5 月底、6 月初产蛋结束即进行第一、二次拔毛，可连续拔 3～4 次。公鹅可拔 4 次，每次产毛 150～200 克。种鹅体型比肉用仔鹅大、产毛多，到 10 月新毛长齐，种鹅也开始再次产蛋孵化了。

（4）肥肝鹅　肉用仔鹅的羽毛虽已长齐，但鹅体还未发育完全，不能立即用于填饲生产肥肝，需要再养一段时间，此间正好拔一次羽毛，等新毛长齐后再填饲，但如果此时正值炎夏，不宜填饲，则可再拔 1～2 次鹅毛，待到秋凉新毛正好长齐，即可进行填饲生产鹅肥肝。

（5）烤用鹅　到 12 周龄羽毛长齐时，进行第一次拔毛，再养 3～4 周出售。如果行情不好又有放牧草场，到 18 周龄可行第二次拔毛，再养 3～4 周出售。

三、拔毛活鹅的选择

1. 适合的鹅品种

（1）选择容易饲养、耐粗饲的鹅品种　养鹅提倡以草换毛，少喂精料，这样才会降低成本，提高经济效益。

（2）选择体型大的品种　体型越大产毛越多，经济效益也就越高。

（3）选择白毛鹅　白鹅毛比灰鹅毛价格高 20% 左右，所以应选择全白羽的鹅进行拔毛。

2. 不适合拔毛的鹅

对处在以下几种情况的鹅，不可活鹅拔毛。

1）产蛋期的鹅，拔毛会降低产蛋量。但错开产蛋期或当产蛋期即将过去，或者准备淘汰的鹅可以用来拔毛。

2）体弱多病、抵抗力差的鹅，活鹅拔毛会加重病情，甚至造成死亡。

3）饲养 5 年以上的老龄鹅，新陈代谢能力弱，毛绒再生能力差，绒毛也少，经济效益不高，不宜活鹅拔毛。

4）个别鹅血管毛多，绒毛少，进行活鹅拔毛时容易撕下成块皮肤，这样的个体不宜进行活鹅拔毛。

5）对于整只出口的肉鹅（白条鹅），因活鹅拔毛有可能损伤某些部位的皮肤，在胴体上留下斑痕，影响出口的质量，所以不要活鹅拔毛。

四、拔毛前的准备工作

（1）场地选择　选择光线好、避风、安静、干燥、清洁的地方作为拔毛场所，最好在水泥地面的室内，一是可以防止风吹跑羽绒，二是可以防止混入柴棍、纸屑等。

（2）停止喂饲　拔毛前一天停止喂食，拔毛当天停止饮水，以防拔毛时排泄粪便污染绒毛及工作人员衣服。

（3）清洁鹅体　拔毛前将鹅赶入河流、坑塘、洗浴池内，鹅少时也可将鹅放入盛水的大盆内，让鹅自己洗澡，然后赶到清洁干净处让鹅自己清理羽毛，待羽毛干燥后方可拔毛。

（4）用具用品　准备好清洁干燥的盛具（如搪瓷盆、塑料盆）和装毛绒的袋子，塑料布或纸张（铺垫地上），以及红药水、药棉、镊子、缝衣针、线等。操作人员坐的凳子、秤要酌情配备。

（5）操作人员准备　拔毛前操作人员应戴上帽子、口罩，穿上工作服和围裙。

（6）拔毛时间　选择晴好天气、温度适中的日子进行拔毛。

第三节　活鹅拔毛技术及拔毛后鹅的饲养管理

一、活鹅拔毛技术

1. 拔毛部位

生长在不同部位的鹅毛，其使用价值不同。采用活鹅拔毛技术拔下的鹅毛，主要用作羽绒卧具的填充料，需要的是含"绒子"量高的羽绒和长度在 6 厘米以下的"毛片"，所以拔毛的主要部位集中在胸部、腹部、体侧和尾根等"绒子"含量较高之处。

2. 拔毛技术

操作者坐在凳子上，将鹅胸腹部朝上，鹅头向操作者，操作者的双腿夹住鹅的翅膀，左手抓脚，右手拔毛。拔毛顺序：先胸部，后腹部，再两腋，由前向后，由左向右。拔取背部毛时，用双腿夹住鹅的两脚，左手抓住翅膀，右手拔毛。拔毛的力量要均匀，做到快、准、狠。每把以拔 2~3 根毛为好，要紧贴皮肤捏住"绒朵"，以免拔断而成飞丝。颈部毛松，伸缩力大，拔毛时要慎重。凡是在应拔的范围内的鹅毛要全部拔下；翅膀及尾部大翎消耗营养多，一般不拔，但处在停产换羽的鹅可以拔下。

翅膀上的大毛可分 3 类：从翼尖算起，第 1~2 根为"尖翎"，系制作扇子材料；第 3~9 根叫"刀翎"，可制作羽毛球；余下的 10 根可制作工艺品和装饰品。上述大毛首次拔除时往往要动用钳子，夹紧后一根一根地拔。这种毛因生长期长，需 90~100 天后才能拔第二次，并且经济价值远不及绒毛，每年拔 1~2 次即可。

拔毛方法有 2 种。一种是手指抓住毛根、毛片、绒毛一起拔，这种拔法，毛恢复的周期比较长，一般为 35 天左右；另一种是先拔片毛，后拔绒毛，这样拔，毛恢复周期较短，约 28 天后绒毛便可重新长齐。

拔下的羽毛片和羽绒最好要分别轻轻放入身旁的木箱或塑料盒等容器中，容器放满后要及时将羽绒装入塑料袋中，装满、装实后随即用绳子将袋口捆紧贮存。通常三个人拔毛，一个人负责把鹅捉来交给操作者。这样，如果操作熟练，每 6~8 分钟就能拔完一只鹅，平均每人每天工作 8 小时，可拔 50 只鹅左右。

3. 拔毛注意事项

（1）减少飞丝和黑头 毛片和绒朵上被拉断的羽丝叫飞丝。这主要是由于操作不当引起的，直接影响绒毛的质量与价格。减少飞丝的方法是在拔羽毛时，手指要捏住毛根。黑头是指白毛中的异色毛。活鹅拔毛时要将异色毛单独拔下，单放或首先将黑毛拔完，然后再拔白色毛。按羽绒出口规定，飞丝含量不得超过 10%，黑头（白色鹅羽绒）含量不得超过 2%。

（2）避免拔断 第一次拔毛要顺拔，以后倒拔或顺拔均可，但要避免拔断。因为断了的毛根只有在第二年自然换羽时才能脱换长出新毛，会影响当年拔毛量。

（3）避开血管 活鹅拔毛时遇到未长好的血管毛要避开不拔，否则易拉伤皮肤或毛管引起出血而影响绒毛质量。

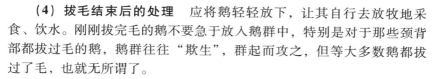

（4）**拔毛结束后的处理** 应将鹅轻轻放下，让其自行去放牧地采食、饮水。刚刚拔完毛的鹅不要急于放入鹅群中，特别是对于那些颈背部都拔过毛的鹅，鹅群往往"欺生"，群起而攻之，但等大多数鹅都拔过了毛，也就无所谓了。

二、拔毛后鹅的饲养管理

1）拔毛后3~5天不放水，不淋雨，不放露水草，不在日光下曝晒，也不能把鹅放在阴、冷、潮的地方，以防着凉感冒。棚舍还要宽敞通风，夏季防止蚊虫叮咬，冬季在–10℃以下应保温防寒。据黑龙江省土畜产公司在兰西红光供销社试验，冬季可在7~8℃下进行拔毛。连续拔毛4次，平均含绒量在25%左右。

2）为了加快羽毛生长，拔毛后最初一段时间，应注意补喂高蛋白质饲料和富含维生素的饲料，特别是配合羽毛生长所需的含硫氨基酸——甲硫氨酸和胱氨酸。也可在饲粮中加入2%~3%羽毛粉。

第四节 羽绒的处理及加工

一、羽绒的初处理

拔下的羽绒最好放入搪瓷盆内，然后装入干净的塑料袋，外套以编织袋。不要强压或搓揉，以保持羽绒自然状态和弹性。还要做好防蛀、防潮和防霉工作。

（1）**防蛀** 羽毛梗中含有血质、脂肪及皮屑等，容易生虫。虫大量繁殖，像蚕食桑叶一样咬食羽面，很快使羽面出现齿形或不规则的伤痕，使羽绒变成飞丝，对羽毛损害很大。温度越高，越容易生虫，所以铁瓦顶的房子不宜作为存放羽毛的库房。羽绒入库前应放一些防虫药剂，并要经常做好防护工作，若发现虫蛀现象，应及时处理。

（2）**防潮、防霉** 羽绒受潮发热后，轻者变色，重者腐烂。造成霉烂的主要原因是羽绒含水量太大，未经晾干或烘干就包装贮存，因此，入库前应仔细检查有无潮湿羽绒，如有应挑出来晾晒，干透后再入库。仓库要保持干燥、通风，并避免阳光直接照射羽绒，雨季要关闭库房门窗，以防潮气进入。

（3）**贮存注意事项** ①对于不同种类的散存羽绒应分别堆放，堆与堆之间应有一定距离，以免互相混合。同时，对于种类相同，但产地与批号不同的羽绒也要分别堆放，以便于加工整理。②露天存放羽绒时，

第十章

应垫好枕木，其上铺一层席子，其下撒一些生石灰，以保持垛底空气流通。③对堆放较久的羽绒，应定期检查，冬春季每半月检查1次，夏秋季每周检查1次，如发现发热或虫蛀现象，应立即处理。

二、羽绒的收购与出售

1. 羽毛含绒率的计算

前面已经介绍，羽片即"毛片"，生长于鹅身体各部位。羽绒，即"绒子"，生长于鹅身体的羽毛内层，紧贴于皮肤。它没有羽干，有一个绒核放射出绒丝，呈朵状。

检验羽绒质量，主要是测定毛绒含量。方法是先从一批毛绒中抽拣出有代表性的样品，称取一定重量，再分别挑选出"绒子"和"毛片"，称出各自的重量后，计算出"绒子"和"毛片"所占比例。例如，毛绒合计重量为5克，其中"绒子"重2克，即含绒量为40%；"毛片"重2.7克，含毛重为54%；损耗0.3克，即杂质（皮屑和水分含量等）为6%。工厂和原料购进单位多用此法验收，而一般基层收购站验收时大都采用眼看手摸的感观鉴定，也就是收购人员凭多年实践经验估测毛绒含量。等级划分如下：

一级毛（俗称春毛）："毛片"大小匀称完整，"绒朵"大，色泽好，柔软而有弹性，杂质率不超过8%，含绒量在20%以上。

二级毛（俗称夏毛）："毛片"大小不匀称，"绒朵"小，色泽差，弹性弱，含一定数量的血管毛和未成绒，含绒量在20%以下。

一般要求原毛杂质不超过10%（含绒量在30%以上的不超过5%），杂色毛不超过1%，飞丝不超过"绒子"的5%，刀剪毛、毛撕毛按杂质处理，水分不超过10%~13%。

2. 毛绒的质量要求

外贸与供销部门对鹅（鸭）毛绒收购与出口的质量要求如下：

（1）质地纯净 毛绒不掺有其他杂质和其他畜禽毛。

（2）含绒量高 采用统价收购的鹅（鸭）原毛，含绒量要求在9%左右；活拔鹅（鸭）毛或是半成品的鹅（鸭）毛（即经加工过），含绒量在18%以上。"毛片"长度不超过6厘米。

（3）飞丝、黑头的含量低 羽绒出口规定飞丝含量不超过10%，黑头含量不超过2%。

（4）干净、干燥，绝不能受潮 要注意包装和保管，拔取的毛绒要

用干净且不漏气的塑料袋包装，外面套以编织塑料袋或麻袋，并用绳子捆紧，存放在干燥的地方，再用木条或砖块垫高以免受潮。要常检查，防虫蛀变质造成损失。

3. 羽绒的收购

对鹅的绒、毛价格实行分别计算，简称绒、毛分价。具体做法是从交售的混合绒毛中，随机检取小样，测定绒、毛各占比例和重量，再分别乘以各自单价即可算出其价值。

举例如下：交售混合鹅毛绒重 500 克，检小样测出其中含绒量为 35%，毛片量为 63%，杂质 2%。若以绒单价 200 元/千克，毛片单价 10 元/千克计，根据下式可算得：

1）绒值 = 绒重量（含绒量 × 总重量）× 绒单价 = 35% × 500 克 × 200 元/1000 克 = 35 元。

2）毛片值 = 毛片重量（毛片量 × 总重量）× 毛片单价 = 63% × 500 克 × 10 元/1000 克 = 3.15 元。

3）总值 = 绒值 + 毛片值 = 35 元 + 3.15 元 = 38.15 元。

所以，交售 0.5 千克活拔鹅毛绒（其含绒量为 35%，毛片量为 63%），根据目前价格水平，可得现金 38.15 元。

三、羽毛、羽绒的加工处理

加工处理前，先用 60~70℃ 的肥皂水（加少量纯碱），或泡沫少、除脂去污力强的温热洗衣粉水洗涤，以除脂去污。洗后再用清水冲洗干净。但要注意，肥皂水和洗衣粉水的温度不能过高，洗时不能过分搓拧。洗净的羽毛、羽绒，经过晒干或烘干，即可进行消毒、杀菌处理。

可用高压锅、蒸锅或蒸笼消毒灭菌。将经过洗涤晒干或烘干的鹅羽毛、羽绒装在细布袋内扎好口，放在高压锅内，灭菌 30 分钟左右，待放冷即可取出。切勿将湿毛直接高压，否则毛将成死团，不会再蓬松。过一天再经 30~40 分钟灭菌一次即可。

经过消毒灭菌的羽毛、羽绒用细布袋包好，放在日光下晒干或经烘箱低温（60~70℃）烘干，就可以作为絮被、衣服、枕头等的填充料。

做絮被填充料，一般以 3 份"毛片"与 7 份绒混合使用；做枕头等填充料，"毛片"和绒各半或"毛片" 6~7 份与绒 4~3 份混合使用；做衣服填充料，多是纯绒，因为绒的保温、御寒能力远远超过"毛片"，而且质轻松软、弹性好。

第十一章  鹅场废弃物的处理与利用

第一节 鹅场废弃物与环境污染

一、养鹅生产的废弃物

养鹅生产的目的是以雏鹅（种蛋）、饲料、饮水及药品等作为物质投入，获得鹅蛋、肥肝、羽绒、鹅肉等产品。在这一生产过程中，会产生大量的副产物，主要包括鹅粪（尿）、各种污水、死鹅，孵化场的蛋壳、死胚，以及屠宰后产生的羽毛、内脏、血等。

二、废弃物对环境的污染

（1）病原 病原主要有细菌、病毒和寄生虫等，其来源主要是病死鹅、粪尿、羽毛及内脏等。

（2）有毒物质 以硝酸盐为主，由于鹅粪中氮含量较高，而含氮物质在外界环境中部分转变为硝酸盐。硝基氮极易随地表径流和地下水运动而四处扩散。此外，鹅场废弃物中还含有少量铜、砷、铝等，以及因防治鹅病等而引起的药物残留。

（3）耗氧物质 鹅场废弃物中存在大量的耗氧物质，如氨等。这些物质一旦进入水体，将使水中溶入的氧量大幅度降低。

（4）恶臭 恶臭是鹅场的一大环境污染问题。臭气的主要成分有：氨（NH_3）、甲硫醇（CH_4S）、硫化氢（H_2S）、苯乙烯（C_8H_8）、乙醛（CH_3CHO）等。这些臭气的产生主要原因是粪、死鹅等废弃物处理不及时而出现的不完全氧化（发酵）。

（5）蚊蝇 鹅场废弃物为蚊蝇的滋生创造了良好的条件，如果处理不好，将导致蚊蝇泛滥成灾，形成公害。

第二节　鹅粪的处理与利用

一、鹅粪的特点

鹅的相对采食量大，消化能力较差，因此粪便产量很大。种鹅和肉用仔鹅的鹅粪产量分别为每只每天 260 克和 180 克。特别是强制填饲的鹅，其粪便中含有大量的未被消化吸收的营养物质。据湖南农业大学分析，填鹅粪含粗蛋白质 22.9%，粗脂肪 17.4%，无氮浸出物 45.3%，粗纤维 7.7%，粗灰分 6.7%。新鲜的填鹅粪可直接用来喂猪、养鱼。据统计，1 只中型鹅在填饲期间消耗玉米 15 ~ 20 千克，所排泄的粪便烘干后重 6 千克左右，即可回收填鹅饲料的 1/3。也就是说，每填 14 只肥鹅，所收集的粪便可用来养大一头肥猪。可见鹅粪综合利用的经济效益是很好的。

二、鹅粪的用途

（1）鹅粪作为肥料　鹅粪富含氮、磷、钾等主要植物养分，见表 11-1。鹅粪中其他一些重要微量元素也很丰富，是非常适合于植物生产的优质有机肥、热性肥料。一只鹅每年产的粪可增产 20 ~ 25 千克粮食。

表 11-1　畜禽粪的肥料成分和年排泄量

种　　类	肥料成分（%）			年排泄量/千克
	氮	磷酸	氧化钾	
鸡粪	1.63	1.54	0.85	30
鸭粪	1.10	1.40	0.62	60
鹅粪	0.55	0.50	0.95	90
猪粪	0.56	0.40	0.44	1500
牛粪	0.32	0.25	0.15	5400
马粪	0.55	0.30	0.24	3600
羊粪	0.65	0.50	0.25	540

（2）鹅粪作为能源　利用鹅粪制作沼气，既卫生，又方便。鹅粪主要成分是甲烷，占 60% ~ 70%。沼气可用于鹅舍采暖和照明、职工做饭、供暖等，是一种优质生物能源。一只产蛋鹅每天所产鹅粪经过适当的发酵过程，可产生 6.48 ~ 12.96 升沼气。

(3) 鹅粪作为饲料 鹅的消化道较短,饲料在消化道内停留的时间短,因此鹅粪中含有较多的养分。鹅粪中粗蛋白质含量为 22.9%,其中非蛋白氮在 60% 左右(尿酸盐、氨、尿素、肌酸等),另含丰富的矿物质(特别是钙、磷含量均较高)及多种维生素,尤其富含维生素 B_{12}。

三、鹅粪的处理

1. 鹅粪的处理原则

(1) 科学性 要开展积极的综合利用,建立多条生物链,做到循环利用。

(2) 安全性 要除掉病菌和寄生虫卵,利用后不影响畜禽健康和生长,不污染其产品,保证产品符合卫生标准。

(3) 可行性 要简单易行,因地制宜,注重实效。

2. 鹅粪的处理方法

(1) 脱水干燥处理 使鹅粪的含水量降到 15% 以下,既可减少鹅粪的体积和重量,便于包装运输,还可抑制鹅粪中微生物的活动,减少营养成分(特别是蛋白质)的损失。做法如下:

1)高温快速干燥。采用以回转圆筒烘干炉为代表的高温快速干燥设备,可在短时间(10 分钟左右)内将含水率达 70% 的湿鹅粪迅速干燥至含水量仅为 10% ~ 15% 的鹅粪加工品。采用的烘干温度为 300 ~ 900℃。在加热干燥过程中,还可做到彻底杀灭病原体,消除臭味,鹅粪营养损失量小于 6%。

2)太阳能自然干燥处理。采用塑料大棚形成的温室效应,利用太阳能干燥鹅粪。专用的塑料大棚长度可达 60 ~ 90 米,内有混凝土槽,两侧为导轨,在导轨上安装搅拌装置。湿鹅粪装入混凝土槽,搅拌装置沿着导轨在大棚内反复行走,并通过搅拌板的正反向转动来捣碎、翻动和推送鹅粪。利用大棚内积蓄的太阳能使鹅粪中的水分蒸发出来,并通过强制通风排除大棚内的湿气,从而达到干燥鹅粪的目的。在夏季,只需要约 1 周的时间即可把鹅粪的含水量降到 10% 左右。

3)鹅舍内干燥处理。就是直接将气流引向传送带上的鹅粪,使鹅粪在产出后得以迅速干燥。这种方法也可把鹅粪的含水量降至 35% ~ 40%。然后通过起粪,将粪便置强烈阳光下晒干、杀菌。采用这种方法可将鹅粪干燥至含水量为 12% 左右。经粉碎去杂,即可添加在配合日粮中。

4）微波干燥处理。微波是指波长很短的无线电波，其波长范围为1～1000毫米。微波具有热效应和非热效应。其热效应是由物料中极性分子在超高频外电场作用下产生运动而形成的，整个加热过程比常规加热方法要快数十倍甚至数百倍。其非热效应是指在微波作用过程中可使蛋白质发生变性，因而可达到杀菌灭虫的效果，既能保持鲜鹅粪中的养分，又能杀虫灭菌和除臭。国内先进的微波加工设备为上海农场局农机研究所设计的克WJF-800型，该设备使用380伏输入电源，功率为30～75千瓦，处理鹅粪200～100千克/小时。

由于微波加热器的脱水率不太高，因此要求在做微波处理前将鹅粪摊晒，将含水量降至35%左右。

（2）热喷处理 热喷处理是指将预干至含水量为25%～40%的鹅粪装入压力容器（特制）中，密封后由锅炉向压力容器内输送高压水蒸气，在120～141℃温度下保持压力10～20分钟，然后突然减压，使鹅粪随高压蒸汽喷出，再经配混，压制干燥。这种方法的特点是，加工后的鹅粪杀虫、灭菌、除臭的效果较好，而且鹅粪有机物的消化率可提高13.4%～20.9%。

热喷技术是我国近年来发展起来的新技术。由内蒙古畜牧科学院发明（专利号为85204077）的热喷技术和呼和浩特锅炉厂设计生产的热喷加工机组已得到推广应用。经热喷处理的粪便，目前已进入我国饲料商品市场，用于猪、奶牛、绵羊、鸭、鱼等的饲养，取得了良好的经济效益和社会效益。

（3）膨化处理 把鹅粪和精料混合后加入膨化机，经机内螺杆粉碎压缩与摩擦，使物料在机腔内相对滑动，迅速升温呈糊状，经机头的模孔射出。由于机腔内外压力相差数十倍，物料迅速发泡膨胀呈晶状，以饲料中的淀粉及蛋白质做骨架呈多孔状，体积膨胀，水分蒸发，比重变小，冷却后含水量可降至13%～14%。

膨化后的饲料糊化程度比制粒更高，可破坏或软化纤维结构的细胞壁，使蛋白质变性，脂肪稳定，而且脂肪从粒料内部渗透到表面，使饲料产生特殊的香味，便于畜禽采食、消化和吸收。

（4）青贮 按新鲜鹅粪70%、草料或秸秆粉占20%和糠麸占10%的比例，将其充分混合均匀，使含水量为60%左右，即将混合原料用手握紧，指缝间见水珠但不滴下为适度，然后装入青贮窖或密封的塑料袋，窖要踏实封严，经30～40天即可启用。青贮法是利用乳酸菌的厌氧发酵，使营养成分得以长期保存的一种方法。其操作简便，省燃料，可除臭灭菌，成本低，易推广，青贮后的饲料可闻到清香味，也略有酒味，畜禽爱吃。

（5）化学处理　常用的化学物质有福尔马林、丙酸、乙酸、氢氧化钠、过磷酸钙、磷酸、尿素、甲醛聚合物等。化学处理法可使鹅粪中的养分损失明显减少，而消化系数明显提高，增加动物对粪便饲料的进食量。具体方法是将新鲜的粪便及时收集起来，然后添加占粪便干物质0.7%的福尔马林（含39%甲醛）进行化学消毒。

（6）堆肥处理　堆肥是一种传统的简便方法。将鹅粪和植物茎秆等有机物堆积成堆，由细菌的作用将有机物分解为稳定物质。根据堆内氧气情况，可分好氧型和厌氧型两种。

1）好氧型堆肥。好氧型堆肥是指富含氮有机物（如鹅粪、死鹅）与含碳有机物（秸秆等），在好氧、嗜热性微生物的作用下转化为腐殖质、微生物及有机残渣的过程。在堆肥发酵过程中，大量无机氮被转化为有机氮固定下来，形成了比较稳定、一致且基本无臭味的产物，即以腐殖质为主的堆肥。

2）厌氧型堆肥。厌氧型堆肥常堆成高2～3米、宽5～6米、长达50米的粪堆，不进行翻动，所以设备简单。厌氧型堆肥的堆内温度较低，堆肥时间需要4～6个月，堆肥过程中散发臭味，最终产品含水量较大。为了减少厌氧型堆肥中的含水量，可在鹅粪内加入30%的锯木屑或秸秆粉，或者加入10%～15%的过磷酸钙，堆积时间也为6个月，这样可以改善鹅粪厌氧型堆肥的肥料质量。

现代的堆肥一般都为好氧型。和其他过程相比，堆肥的优点是能生产出已消灭虫卵和草籽的肥料和土壤改良剂，节省水和占地面积；缺点是消耗劳动力多。由于堆肥处理方法可以与死鹅的处理结合起来，因此具有很大的推广价值。

（7）充氧动态发酵　在适宜的温度、湿度及供氧充足的条件下，好氧菌迅速繁殖，将鹅粪中的有机物大量分解成易被消化吸收的形式，同时释放出硫化氢、氨等气体。在45～55℃下处理12小时，可获得除臭、灭菌杀虫的优质有机肥料和再生饲料。在处理前，要使鹅粪的含水量降至45%左右，如用鹅粪生产饲料，可在鹅粪中加入少量副料（粮食）及发酵菌，在45～55℃搅拌、发酵。

第三节　鹅场污水及其他废弃物的处理与利用

一、鹅场污水的来源

鹅场所排放的污水主要来自冲洗鹅舍后排放的粪水，以及屠宰加工厂和孵化厂等冲洗排放的污水。屠宰加工厂的污水主要来自血液、羽毛和内脏的处理用水，冲洗地面和设备所排放的污水。污水中含有大量的血液、羽毛、油脂、碎肉、未消化过的饲料和粪便等。

二、污水排放标准及处理的方法

污水排放必须经过无害化处理，未经消毒或处理的污水，不准任意排放。

（1）氧化塘处理　氧化塘可以自然形成或人工挖成。粪水在其中停留的时间较长，通过微生物的净化活动而得到处理，效率较低。

（2）氧化沟处理　氧化沟处理来源于城市污水的活性污泥处理法。活性污泥的含水量为98%~99%，它有很强的吸附和氧化分解有机物的能力。其主要构筑物为曝气池和沉淀池。氧化沟工作时消耗劳动力少，无臭味，要求沟的容量小，但需要消耗动力和能量。

三、死鹅的处理

（1）深坑掩埋　死鹅不能直接埋入土壤中，因为这样容易造成土壤和地下水被污染。进行深埋时，应当挖用水泥板或砖块砌成的专用深坑，深坑长2.5~3.6米，宽1.2~1.8米，深2米以上。一般1万只肉鹅饲养量需配备2.7~3米³的深坑。

深坑建好后，要用土在其上方堆出一个0.6~1米高的小坡，使雨水向四周流走，并防止重压。地表最好种上草。

深坑盖采用加压水泥板，板上留有2个圆孔，套上PVC管，使坑内部与外界相连。管道的作用是作为向坑内扔死鹅的通道，因此平时必须将管口用牢固、不透水、可揭开的顶帽盖住，在向坑里扔死鹅时，再把顶帽打开。

此法简单易行，但要注意以下几点：深度不少于2米，以便使死鹅充分腐烂变成腐殖质。在死鹅与土坑上面及周围撒消毒药，如生石灰等。要谨防野兽（犬）及不法之人将死鹅扒走食用或贩卖，以免造成公害。坑必须远离居民区和鹅场。

（2）焚烧处理　以煤或油为燃料，在高温烧炉内将死鹅烧成灰烬，这种方法常会产生较多的臭气，而且处理成本较高。此法的优点是能彻底消灭病原体，焚烧炉建造应远离生活区及鹅场，并在其下风向；同时焚烧炉必须装有较高的烟囱，以免污染环境。

（3）饲料化处理　可用蒸煮干燥机对死鹅进行处理，通过高温高压对死鹅做灭菌处理，然后干燥粉碎，可获得粗蛋白质含量达 60% 的骨肉粉。目前我国不少鹅场将死鹅蒸煮后喂猪，猪只生长很快，但对其病原传播问题尚缺乏必要的监控。

（4）直接喂养肉食动物　对于确非传染病死亡的鹅，经当地动物检疫部门检验后确认，并在其允许的情况下，可以用来喂养貂、警犬等肉食动物，但必须注意以下几点：死鹅必须用塑料袋严格密封包装运送。喂养的肉食动物必须是笼养和圈养，不允许叼着死鹅出圈乱跑。对存放、运输工具必须严格消毒。死鹅必须是存放时间短，没有腐坏变质的。肉食动物饲养场必须距鹅场不远。

（5）堆肥处理　通过堆肥发酵处理，可以消灭病菌和寄生虫。在做死鹅与鹅粪的混合堆肥发酵处理时，按 1 份（重量）死鹅配 2 份鹅粪和0.1 份秸秆的比例进行，这些成分分层堆积（图 11-1）。在发酵室的水泥地面上，首先铺上 30 厘米厚的两层鹅粪，然后加一层厚约 20 厘米的秸秆，以加强透气性，并提供碳源。在这三层之上，按上述比例逐层放上死鹅、鹅粪和秸秆，在死鹅层还要适量加入水。以这三种物质（三层）为一组，可以按顺序放入多组混合发酵物。将最后一组放完后，顶部加上两层鹅粪。

目前采用的堆肥发酵方法主要是二阶段发酵法。第一阶段发酵在主发酵室进行，约 10 天后转入辅发酵室。发酵室必须有屋顶，防止雨水进入发酵物，保证发酵室常年正常运行。其地基应当用混凝土，要保证坚固耐用、能承重、不渗漏，并能防止鼠类、狗及其他动物的破坏。

四、屠宰废弃物的处理与利用

1. 羽毛的收集、处理和利用

鹅的羽毛上附着有大量病原微生物，如果不经加工处理而随意抛撒，则有可能造成疾病的四处传播。对羽毛的处理主要以利用其丰富的蛋白质为目的。羽毛中蛋白质含量高达 85%。其中主要有角蛋白，其性质极其稳定，一般不溶于水、盐溶液及稀酸、碱，即使把羽毛磨成粉末，动物肠胃中的蛋白酶也很难对其进行分解和消化。

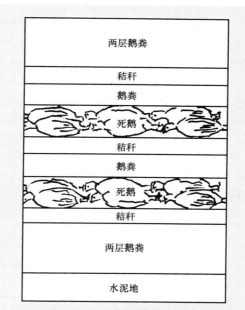

两层鹅粪
秸秆
鹅粪
死鹅
秸秆
鹅粪
死鹅
秸秆
两层鹅粪
水泥地

图 11-1　死鹅与鹅粪混堆肥发酵示意图

（1）**羽毛的收集**　羽毛的收集方法大体可分为人工法、输送带法和水流管泵法。人工法又有两种：一种是用耙子将拔毛机下面随意掉在地上的羽毛耙集在一起，再装入筐；另一种是拔下的羽毛靠装在拔毛机下的斜挡板和拔毛时淋下的水将羽毛自行汇集。水流管泵法以长的明沟代替输送带法中的输送带，拔下的羽毛掉落到明沟里，随快速流动的水入流水池。

快速流动的水源由水泵提供，然后由羽毛输送泵将池内的羽毛和水送到分离机，分离出羽毛。而分离后的水仍可流入水泵被重复利用。一般现代化的鹅屠宰加工厂均用此法。

（2）**羽毛的加工处理方法**　对羽毛的处理关键是破坏角蛋白稳定的空间结构，使之转变成能被畜禽所消化吸收的可溶性蛋白质。

1）高温高压水煮法。将羽毛洗净、晾干，置于 120℃、450～500 千帕条件下用水煮 30 分钟，过滤、烘干后粉碎成粉。此法生产的产品质量好，试验证明，该产品的胃蛋白酶消化率达 90% 以上。

2）酶处理法。从土壤中分离的弗氏链霉菌、细黄链霉菌及从人体和哺乳动物皮肤分离的真菌——粒状发癣菌，均可产生能迅速分解角蛋白的蛋白酶。其处理方法为：羽毛先置于 pH 大于 12 的条件下，用弗氏链霉菌等分泌的嗜碱性蛋白酶进行预处理。然后，加入 1~2 毫克/升盐酸，在温度为 119~132℃、压力为 98~156 千帕的条件下分解 3~5 小时，经分离浓缩后，得到一种具有良好适口性的糊状浓缩料。

3）酸水解法。其加工方法是将反应罐中的 6~10 毫克/升盐酸加热至 80~100℃，随即将已除杂的洁净羽毛迅速投入反应罐内，盖严罐盖，升温至 110~120℃，溶解 2 小时，使羽毛角蛋白的双硫键断裂，将羽毛蛋白质分解成单个氨基酸分子，再将上述羽毛水解液投入瓷缸中，徐徐加入 9 毫克/升氨水，并以 45 转/分钟的速度进行搅拌，将溶液中和至 pH 6.5~6.8。最后，在已中和的水解液中加入麸皮、血粉、米糠等吸附剂。当吸附剂含水量达 50% 左右时，用 55~56℃的温度烘干，并粉碎成粉，即成产品。

（3）羽毛蛋白质饲料的利用

1）肉鹅饲料。在雏鹅和成年鹅日粮中配合 2%~4% 的羽毛粉是可行的。

2）猪饲料。羽毛粉可代替猪日粮中 5%~6% 的豆饼或国产鱼粉。在二元杂交猪日粮中加入羽毛蛋白质饲料 5%~6%，与等量国产鱼粉相比，经济效益提高 16.9%。

3）毛皮动物饲料。胱氨酸是毛皮动物不可缺少的一种氨基酸，日粮中胱氨酸含量为 0.84% 时，产毛量最高；而羽毛蛋白质饲料中胱氨酸含量高达 4.65%，是毛皮动物饲料的一种理想的胱氨酸补充剂。

2. 鹅血及内脏的收集、处理与利用

（1）鹅血的收集 现代化屠宰厂一般都用泵和管道来收集并运送鹅血，即将装在沥血槽低端处的涡轮泵将鹅血直接打入较大的贮血器，再采用自流或泵打两种方式将贮血器里的血输入罐车，送往鹅血所需的部门。一般鹅血量约为活鹅重的 4.5%。

（2）鹅血的加工与利用 在血量不多时，一般是做成血豆腐，在卤煮鹅时将血块放入锅中煮熟即可食用或出售。还可加工成血粉。简单的血粉加工法是将血液煮沸后，用螺旋或液压榨油机榨去水分，或者用麸皮等吸附水分，然后晒干或在 90℃下用烘干设备烘干，用粉碎机或球磨机粉碎即获得细粉状血粉。

此外，鹅血经离心分离出血球后呈半胶状的、乳白色的血清有一种鲜味，可做糕点、香肠等食品添加剂，有名的法兰克福香肠就添加了2%的鹅血，英国的黑香肠添加有50%~55%的鹅血，用以提高香肠的质量和风味。鹅血经过加工可制成抗癌药物。

（3）废弃内脏的收集与加工　一般现代化的肉鹅屠宰加工厂均采用管道真空吸取收集内脏的方法。其内脏吸取过程较简单：装于各所需工位的入料装置，吸入下脚料，下脚料顺着管道被送到旋风式收集器上面的入口，在回旋气流的作用下空气不断地被真空泵抽出，下脚料则落进下面的贮存器待运。由于产生的下脚料本身含有一定的水分，不需要另外用水就可被真空吸取，因而工厂用水量不再增加，内脏中的蛋白质和脂肪也就不会被水所带走。鹅胆、鹅内金及鹅肠等内脏，一般采用脱脂和脱水干燥后制成肉粉作为饲料。

五、孵化废弃物的处理与利用

在鹅的孵化过程中，有大量的废弃物产生。第一次验蛋时，可挑出部分未受精蛋（俗称白蛋）和少量早死胚胎（俗称血蛋）。白蛋主要用于食用，售价较低。对于部分中后期死亡的胚胎（俗称毛蛋），一些地方有食用毛蛋的习惯，但一定要注意卫生，避免腐败物质及细菌造成的中毒。

孵化废弃物（包括蛋壳、毛蛋、白蛋和血蛋）经高温消毒、干燥处理后，可制成粉状饲料加以利用。孵化废弃物中有大量蛋壳，含钙量高，这是在利用孵化废弃物作为饲料时要特别注意的。有试验表明，在生长鹅料中可用孵化废弃物加工料代替至少6%的肉骨粉或豆饼，在蛋鹅料中则可占到16%。此外，用蛋壳粉可以代替饲料中其他钙补充料。

第十二章 鹅场的经营管理

第一节 经营与管理的概念、关系及意义

一、经营与管理的概念

经营与管理是两个既有区别又有联系的概念。经营是指企业从事商品生产与交换的全部经济活动，是以市场为出发点和归宿，进行市场调查和预测，选定产品发展方向，制定长期发展规划，进行产品开发，组织安排生产，开展销售与技术服务，达到预定的经营目标的一个循环过程。它注重经济效益，重点解决企业生产方向和企业目标等根本性问题。它包括经营目标、经营结构、经营方式及为实现目标而采取的一系列重大战略措施。

管理是用科学的方法来研究和解决日常的、具体的战术性和执行性的问题。它讲求效率，其任务是正确处理好企业内外之间、人与人、人与物、物与物之间的关系，保证企业目标的实现。管理是对经营活动过程中的人、财、物进行计划、组织、指挥、协调、控制等工作的总称。

二、经营与管理的关系和区别

经营与管理有着密切的联系，是生产活动中的统一体。两者统一于企业的整个生产经营活动，不可截然分开。只有搞好经营管理，才能以最少的资源取得最大的经济效益，从而提高企业的生存和竞争能力。

经营与管理之间是目的和手段的关系，有了经营才会有管理，经营的使命在于决策，管理的使命在于如何实现经营目标，为实现经营目标服务。因此，一个企业只有在善于经营的前提下，加上科学的管理，才能取得良好的经济效益。管理适应经营的需要而产生，经营借助于管理而实现。

三、搞好经营管理的意义

1）以最少的资源、资金取得最大的经济效益。养鹅生产风险很大，需要投入的资金多，技术性强，正常运行要求组织严密，解决问题及时，其最大的开支是饲料和管理两项费用，饲料费用取决于饲料配合和科学的饲养管理，而管理费用取决于经营管理水平。实践证明，只有经营管理水平高，饲养管理水平才能高。

2）只有搞好经营管理，才能合理地使用人、财、物，提高企业的生产和生存能力。

3）只有搞好经营管理，企业有了更新的设备、采用新技术的能力，才能有力地参与下一轮市场竞争；科学的经营管理策略，能使同样的生产要素取得更好的经济效益和社会效果。

4）只有搞好经营管理，才能改善本企业职工的生活，才能吸引和留住人才。

第二节　经济信息、经营预测与经营决策

一、经济信息

经济信息是反映经济活动的特征及其发展变化规律的各种消息、情报、资料等的统称。它是企业经营的基础，是经营者的"耳朵"和"眼睛"。根据可靠的经济信息，企业可以进行决策、编制计划，可以对生产经营活动进行组织、监督和控制，还可以保证企业内部各部门、各岗位的协调统一。

鹅场所需的信息主要有：市场供求信息（如生产资料、产品价格、产品销路、需求量等）、技术信息（如新技术、新产品、新方法等）、资金信息、鹅场内部生产经营信息（如业务记录、统计资料等）、政策法规信息等。

二、经营预测

1. 经营预测的概念

经营预测是企业根据有关资料，运用已有的知识、经验和科学的方法，对市场未来的发展趋势做出的估计和推测。它有利于克服经营决策的盲目性，是经营决策的前提，是促进和改善经营管理的重要手段。

2. 经营预测的主要内容

（1）市场预测　市场预测包括产品销售量、产品市场占有率、产品品种、价格、质量等方面需求变化趋势的预测。

市场预测一般分长期（3～5年）、中期（1～3年）、短期（1年以

内）预测3种类型。从事市场预测工作，必须以及时掌握市场信息和搞好市场调查为基础。常用的市场调查方法有普查法、抽样调查法、重点调查法、询问法、观察法、实验法等。

（2）生产预测　生产预测是指对生产项目、生产规模、生产结构及生产发展前景等方面的预测。

（3）经营成果预测　经营成果预测是指对一定时期的经营收入及其构成、产品成本、劳动生产率及利润增长等方面的预测。

（4）科学技术预测　科学技术预测是指对新技术、新产品等的发展做出的预测。

三、经营决策

1.经营决策的概念

经营决策是运用科学的方法，对企业经营活动的近期或远期目标及为实现这些目标的有关重大问题做出的选择和决定，设计、优化各种方案并付诸实施、跟踪控制的过程。

2.经营决策的内容

（1）经营方向的决策　经营方向的决策是指决定办什么类型的鹅场，即是办专业化鹅场，饲养种鹅或商品鹅，还是办综合性鹅场。

1）专业化鹅场。可分为以下两种：

① 种鹅场。生产目的是培育、繁殖优良鹅种，向社会提供种苗或种蛋。这类鹅场投资多、技术要求高，一般仅饲养一个品种鹅。

② 商品鹅场。生产目的是为社会提供质优、量大、安全的肉鹅产品。规模可大可小。

2）综合性鹅场。一般经营范围广、规模大，形成制种、孵化、商品生产、饲料加工、禽产品加工、销售一条龙的生产体系，有的还兼营其他有关行业。随着市场经济的发展，这类鹅场的走向趋势是规模化、集约化、产业化；强调高层次管理和质量高标准；重视信息作用，树立企业形象；跨地区和跨国经营；技术进步日益加快。这类鹅场目前多采取"公司＋农户"的办法，形成产供销一体化经营。

（2）经营目标的决策　经营目标的决策是指鹅场在一定时期内预期达到的具体目标的决策，如饲养规模、销售收入、利润等。

（3）物资投入决策　物资投入决策是指对投入方向、投入构成、投入数量和投入时间等方面的决策，以达到少投入多产出、提高经济效益的目的。

（4）产品销售决策 产品销售决策是指根据产品的种类、数量及市场需求情况，确定合适的销售渠道和销售方式，如合同销售、自销、批发销售、加工销售等。

（5）管理模式的决策 鹅场应根据其规模、技术和管理力量，确定科学的管理模式。

1）专业化管理。这种管理模式适用于中等规模的专业鹅场。需要各部门建立稳定协调的关系，还要有一套严格的全面的规章制度和考核办法。

2）系统化管理。这种管理模式适用于集良种繁育、饲料生产、商品鹅饲养、产品加工于一体的综合性鹅场或公司。总场或总公司对下属场或分公司仅从经营方针、计划、效益等方面加强领导，不参与下属单位的具体事务管理。而下属单位在总场或总公司的领导下，实行专业化管理。

3）"监工"式管理。这种管理模式就是以"监工"为核心，通过"监工"现场指导，督促完成生产任务的一种管理模式，适用于小型鹅场和养鹅专业户。其优点是一竿子插到底，既减少了机构，节省了人员，能够达到调整、高效的目的，又弥补了小型鹅场人才缺乏、职工素质较低的缺陷。

第三节 管理体系

管理体系是在企业的经营决策确定后建立起来的，负责落实经营方针、生产计划，从而确保生产正常进行的一个体系。管理体系中应包括下列管理部门：

（1）生产部 负责全场的一切生产工作。

（2）技术部 负责全场技术管理和对外技术服务。

（3）销售部 负责推销企业产品，并开展售后服务。

（4）后勤部 负责基建维修、车辆运输管理、物资采购等。

（5）行政部 负责接待与行政管理，包括党政、办公、保卫等。

（6）财政部 负责财务管理与核算。

要搞好鹅场的经营管理，首先应加强对企业管理部门和管理人员的管理，实行满负荷工作量。

鹅场的领导班子一般由场长、生产副场长、销售副场长、行政副场长和财务副场长组成。

第四节 管理内容

一、计划管理

1. 鹅群周转计划

鹅群周转计划是各项计划的基础，是根据鹅场生产方向、鹅群的构成和生产任务编制的。只有制订出该计划，才能据此制订出引种、孵化、产品销售、饲料需要和财务收支等一系列计划。

鹅群周转环节可分为：孵化、雏鹅、中雏鹅（肉用仔鹅）、青年鹅、种鹅（蛋用种鹅、肉用种鹅）、成年鹅淘汰等。

2. 产品生产计划

种鹅可根据月平均饲养产蛋母鹅数和历年生产水平，按月制定产蛋率和产蛋数。肉用仔鹅则根据饲养数量和平均活重编制，应注意将副产品，如淘汰鹅也纳入计划范围。

3. 饲料供应计划

根据鹅群周转计划，计划出各月各组鹅的饲料需要量。编制该计划的目的是合理安排资金及饲料采购计划。

4. 雏鹅孵化（或引种）计划

雏鹅孵化（或引种）计划是根据补充后备公鹅、后备母鹅、育肥鹅和出售雏鹅的需要编制的。

5. 成本计划

制订成本计划的目的是控制费用支出，节约各项成本。

6. 其他计划

其他计划包括财务收支计划、设备维修（保养）计划等。

7. 鹅场生产计划编制实例

现拟建立一个自繁自养的年生产 10 万只肉鹅的综合性鹅场，生产计划编制如下：

1. 计算种鹅数

已知：一只入舍母鹅年产蛋 80 枚，种蛋受精率为 85%，受精蛋出雏率为 85%；雏鹅成活率为 93%，生长鹅成活率为 96%，育肥肉鹅成活率为 96%。公母比为 1:4。

（1）全年需养种母鹅数

100 只鹅苗至出售时成活 86 只。

$$93\% \times 96\% \times 96\% = 86\%$$

年出售 10 万只肉鹅需鹅苗 116279 只。

$$100000 \text{ 只/年} \div 86\% = 116279 \text{ 只/年}$$

种蛋出雏率为 72.25%。

$$85\% \times 85\% = 72.25\%$$

每只种鹅全年产鹅苗 58 只。

$$80 \text{ 枚/(年·只)} \times 72.25\% \approx 58 \text{ 只/(年·只)}$$

该鹅场全年需饲养种母鹅 2004 只。

$$116279 \text{ 只/年} \div 58 \text{ 只/(年·只)} \approx 2004 \text{ 只}$$

（2）全年需要配套种公鹅数

$$\text{种母鹅} \div \text{公母鹅配种比例} = 2004 \text{ 只} \div 4 = 501 \text{ 只}$$

该鹅场需配套饲养种公鹅 501 只。

2. 孵化计划

$$365 \text{ 天/年} \div 10 \text{ 天/批} = 36.5 \text{ 批/年}$$

$$2004 \text{ 只} \times 80 \text{ 枚/(年·只)} = 160320 \text{ 枚/年}$$

$$160320 \text{ 枚/年} \div 36.5 \text{ 批/年} = 4392 \text{ 枚/批}$$

每 10 天孵 1 批，每批孵 4392 枚，孵化器设计容量不能少于 5000 枚。

$$365 \text{ 天/年} \div 31 \text{ 天/(批·台)} = 11.8 \text{ 批/(年·台)}$$

$$36.5 \text{ 批/年} \div 11.8 \text{ 批/(年·台)} = 3.1 \text{ 台}$$

该场需要 4 台孵化器和 1 台出雏器。

3. 鹅舍周转

（1）种鹅舍　采用一条龙生产，种鹅饲养密度为 3 只/米^2，则种鹅舍为 880 米^2（含 45 米^2 操作间）。

$$2505 \text{ 只} \div 3 \text{ 只/米}^2 = 835 \text{ 米}^2$$

（2）肉鹅舍　肉鹅全进全出，一条龙生产，80 天出售，10 天清洗消毒，饲养密度为 6 只/米^2。

$$100000 \text{ 只/年} \div 36.5 \text{ 批/年} = 2740 \text{ 只/批}$$

$$2740 \text{ 只/批} \div 6 \text{ 只/米}^2 = 457 \text{ 米}^2\text{/批}$$

$$365 \text{ 天/年} \div (80 \text{ 天} + 10 \text{ 天})/(\text{批·幢}) = 4 \text{ 批/(年·幢)}$$

$$36.5 \text{ 批/年} \div 4 \text{ 批/(年·幢)} = 9.1 \text{ 幢}$$

需面积为 500 米^2（含 43 米^2 操作间）的肉鹅舍 10 幢。

4. 饲料计划

（1）种鹅耗料 每只鹅从育雏育成到产蛋需消耗饲料 30 千克左右，则育成期耗料估计为 9 万千克。

2505 只 ÷0.85×30 千克/只 ≈90000 千克（85% 留种率）

产蛋种鹅除喂青绿饲料外每只每天补饲 250 克左右。则全年耗料估计 23 万千克。

2505 只×0.25 千克/（天·只）×365 天/年 ≈230000 千克/年

（2）肉鹅耗料

1）舍饲。每只肉鹅 80 日龄出售，体重为 5.59 千克，料肉比为 3.96:1，累计耗料 21.611 千克，全期 100000 只肉鹅估计耗料 216 万千克，基本为均衡需要。

2）放养加补饲。80 日龄出售，每只鹅体重为 4.5 千克，补饲饲料累计为 15.5 千克，消耗青绿饲料 30 千克，则 100000 只肉鹅需精料 155 万千克，青绿饲料 300 万千克。按每 667 米^2 全年套种鹅菜等牧草可产青绿饲料 10000 千克计算，饲养 100000 只鹅除需 155 万千克饲料外，至少还需种植 20 公顷（1 公顷 =10^4 平方米^2）牧草。

二、生产管理

为将生产、销售任务分解落实到部门、鹅舍、班组（多数鹅场都成立作业组，如育雏组、育成组、蛋鹅饲养组、种鹅饲养组、肉鹅饲养组、兽医组、孵化组等）和个人，必须建立岗位责任制（实行定额承包），实行培训后上岗的制度，制定生产技术操作规程，建立生产、销售记录统计日、月报制度，并定期分析，督促检查，以保证经营目标的顺利完成。

三、质量管理

要用提高工作质量来保证产品质量和服务质量，即事先采取各种措施，把设计、设备、工艺流程及人为的可能造成事故的因素尽可能地控制起来，不断提高部门、班组、人员的工作质量，防止质量事故的发生。与此同时，对产品质量和服务质量按标准要求进行检查也是必不可少的。

四、物资管理

鹅场的物资管理是指对鹅场所需的各种物资进行有计划的组织、采购、验收、保管、供应、节约、使用和综合利用等一系列管理工作的总称。要充分掌握饲料、疫苗、药品、燃料、设备及部件等物资的需求情况，按品种、时间、质量、数量，经济而合理地保证供给、合理使用和节约物资，降低消耗，同时经济而合理地确定物资储备量，建立健全物资管理的各项制度和手续。

五、营销管理

销售是鹅场的"生命"，营销管理在当今竞争激烈、利润空间缩小的情况下，具有十分重要的意义：

1）要选择目标市场给产品做具体的定位，以开拓市场和占领市场。

2）要根据不同的市场情况和生产成本确定合理的价格。

3）要选择销售费用少、销售量大、流通时间短、经济效益好的销售渠道。

4）要把人员促销、广告、营业推广和公共关系等促销因素有机地结合起来，形成整体的促销策略。

5）要建立完整的销售网络，加强宣传，引导消费，并注意新产品的研制和开发。

六、成本管理

1. 商品生产必须重视成本

商品生产要千方百计降低生产成本，以低廉的价格参与市场竞争。

2. 生产成本的分类

（1）固定成本　鹅场必须有固定资产，如鹅舍、饲养设备、运输工具及生活设施等。固定资产的特点是：使用年限长，以完整的实物形态参加多次生产过程，并可以保持其固有的物质形态，只有随着它们本身的损耗，其价值逐渐转移到鹅产品中，以折旧费方式支付，这部分费用和土地租金、基建贷款的利息、管理费用等组成固定成本。

（2）可变成本　可变成本也称为流动资金，是指生产单位在生产和流通过程中使用的资金，其特性是参加一次生产过程就被消耗掉。例如，饲料、兽药、燃料、垫料、雏鹅等成本。之所以叫可变成本，是因为它随着生产规模、产品的产量而变。

（3）常见的成本项目

1）工资，是指直接从事养鹅生产的人员的工资、资金及福利等费用。

2）饲料费，是指饲养鹅过程中耗用的饲料费用，运杂费也列入饲料费中。

3）医药费，是指用于鹅病防治的疫苗、药品及化验等费用。

4）燃料及动力费，是指用于养鹅生产的燃料费、动力费，水电费和水资源费也包括其中。

5）折旧费，是指鹅舍等固定资产基本折旧费。建筑物使用年限较长，15～20年折清；专用机械设备使用年限较短，7～10年折清。

6）雏鹅购买费或种鹅摊销费。雏鹅购买费很好理解，而种鹅摊销费是指生产每千克蛋或每千克活重需摊销的种鹅费用，其计算公式为

$$种鹅摊销费（元/千克蛋）= \frac{种鹅原值 - 残值}{每只种鹅的产蛋重量}$$

$$或种鹅摊销费（元/千克体重）= \frac{种鹅原值 - 残值}{每只种鹅后代的总出售量}$$

7）低值易耗品费，是指价值低的工具、器材、劳保用品、垫料等易耗品的费用。

8）共同生产费，也称其他直接费，是指除上述7项以外而能直接判明成本对象的各种费用，如固定资产维修费、土地租金等。

9）企业管理费，是指场一级所消耗的一切间接生产费，销售部属场部机构，所以也把销售费用列入企业管理费。

10）利息，是指以贷款建场每年应交纳的利息。

虽然新会计制度不把企业管理费、销售费和财务费列入成本，而鹅场为了便于核算每群鹅的成本，都把各种费用列入成本。

第五节 利润

任何一个企业，只有获得利润才能生存和发展，利润是反映鹅场生产经营好坏的一个重要指标。利润考核指标如下：

一、产值利润及产值利润率

$$产值利润 = 产品产值 - 可变成本 - 固定成本$$

$$产值利润率 = \frac{产值利润}{产品产值} \times 100\%$$

二、销售利润及销售利润率

$$销售利润 = 销售收入 - 生产成本 - 销售费用 - 税金$$

$$销售利润率 = \frac{产品销售利润}{产品销售收入} \times 100\%$$

三、营业利润及营业利润率

营业利润 = 销售利润 - 推销费用 - 推销管理费

营业利润反映了生产与流通合计所得的利润。推销费用包括接待费、推销人员工资、旅差费和广告宣传费等。

$$营业利润率 = \frac{营业利润}{产品销售收入} \times 100\%$$

四、经常利润及经常利润率

经常利润 = 营业利润 ± 营业外损益

营业外损益是指与企业的生产活动没有直接联系的各种收入或支出。例如，罚金、由于汇率变化影响到的收入或支出。企业内事故损失、积压物资削价损失、呆账损失等。

$$经常利润率 = \frac{经常利润}{产品销售收入} \times 100\%$$

衡量一个企业的盈利标准，只根据上述 4 个指标是不够的，因为利润中没有反映投资状况。养鹅生产是以流动资金购入饲料、雏鹅、医药、燃料等，在人的劳动作用下转化成鹅及鹅蛋产品，通过销售又回收了资金，这个过程叫资金周转一次。利润就是资金周转一次的结果。既然资金在周转中获得利润，周转越快，次数越多，企业获利就越多。资金周转的衡量指标是一定时期内流动资金周转率。

$$流动资金周转率（年） = \frac{年销售总额}{年流动资金总额} \times 100\%$$

企业盈利的最终指标应以资金利润率作为主要指标。

$$资金利润率 = 资金周转率 \times 销售利润率 = \frac{总利润额}{占用资金总额} \times 100\%$$

第六节　经济效益分析

近年来在鹅场的生产管理中开始使用微机，专用的软件有鹅群生产分析预测、房舍设备利用计划等多项，对提高鹅场计划、管理水平与经济效益有明显效用。随着计算机的普及，不难预料，今后国内一些大、中型鹅场在生产与管理中使用微机利用专门软件也将日益增多。在尚未设置微机的鹅场，为使鹅场经营更有预见性，能及早估计重大决策的损益，应适时地对生产成本、采用措施与投资等项进行经济效益的估测。

一、生产成本的分析与估测

生产成本是盈亏的分界线。饲料费用占生产成本的比率基本稳定，比率越低，经营越佳，其范围一般为60%~70%。

二、盈亏平衡分析法

盈亏平衡分析是一种动态分析，适合分析短期问题。它是通过分析经营收入、变动成本、固定成本和盈利之间的关系，求出经营收入等于生产成本时的产量规模，即盈亏平衡点，从而在产量、价格和成本3个变量之间的关系上寻找出最佳的投资方案。

这种方法的关键环节是求出盈亏平衡点（临界点），即保本点。在价格既定的情况下，产出量（指保本销售量）未达到平衡之前，出现亏损。只有在超过平衡点之后才能盈利，如图12-1所示。

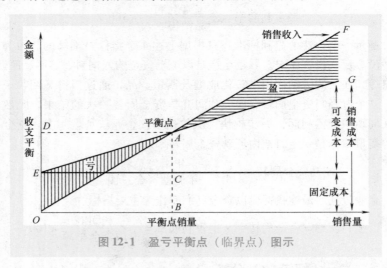

图12-1　盈亏平衡点（临界点）图示

图内横坐标为销售量，纵坐标为销售收入金额，OF线为销售收入线，EG线为生产成本线，两线相交点A，即为盈亏平衡点（临界点）。

从盈亏平衡点图中可以看出，鹅场的盈利能力除与盈亏平衡点有关外，还与销售额有密切关系。下述两条途径可供我们选择：

1）图中盈利区为三角形FGA，假如销售成本不变，销售量越大，F和G之间的距离加大，即盈利面积扩大，所以扩大销售量是提高盈利的主要途径。要扩大业务量，从内涵再生产来说是提高鹅的单产，从外延再生产来说是实现规模经营。必须有一定的生产规模才能显示规模效益。

2）若业务收入不变，销售成本越高，则 EG 线越陡，盈亏平衡点越高，盈利面积越小。降低成本有两条途径，一条是降低固定成本。固定成本过高的原因是投资建场时盲目追求高精尖，每只鹅投资额过多，形成固定成本中折旧和贷款利息份额过大，固定工人比率大，管理人员过多，这几乎成为我国国有企业的通病。另一条是降低可变成本，主要应提高责任心，加强饲养管理，采用科学的饲料配方，提高饲料转化率，降低饲养成本。

盈亏平衡点是盈亏分析的基础。一般来说，它是生产经营的最低水平。在制订计划时，不论是产量指标还是销售量指标，都应大于盈亏平衡点，而且越大越好。

三、管理效益的分析与估测

为提高生产效率，通常在营养、环境、管理和疾病防治等方面采取一些新的管理技术，衡量采取新管理措施的效果，要看其对生产效率增、减的幅度。鹅场生产效率分析的主要指标是蛋料比与肉料比，或者通称饲料转化率，要看其对饲料产品比率影响的大小和由此而形成价值的多少，再和管理措施的费用相比较，以确定其经济上的可行性。估测某项新管理措施的毛值与净值按下列公式计算：

$$V_P = C_1(FC_1 \div FC_2 - 1)$$
$$N_P = V_P - C_P$$

式中　V_P——按单位饲料计新的管理措施的毛值（元）；

　　　C_1——采取新的管理措施前单位饲料费用（元）；

　　　FC_1——采取新的管理措施前饲料转化率；

　　　FC_2——采取新的管理措施后饲料转化率；

　　　C_P——按单位饲料计新的管理措施的费用；

　　　N_P——按单位饲料计新的管理措施的净值。

例：某肉鹅场年养 10 万只肉鹅，饲养全程每只耗料 4 千克，肉料比为 1∶2.30，饲料价 1000 元/吨，现欲采用新的管理措施，即由喂粉料改喂颗粒饲料。试喂颗粒饲料，肉料比可降至 2.15，每吨饲料加工成颗粒的费用为 20 元。若全场改喂颗粒饲料后，此项新的管理措施净值为多少？

$$V_P = 1000 \text{ 元} \times (2.30 \div 2.15 - 1) = 46 \text{ 元}$$

$$N_P = 46 - 20 = 26 \text{ 元}$$

全场 10 万只肉用鹅耗料 400 吨，每吨饲料因采用新的管理措施而增净值 26 元，共增净值 10400 元。

上式只是对生产效率改进程度进行的估测，通过分析估测可很快了解新的管理措施的可行性及大致有利程度。实际上，一项新的管理措施的影响是多方面的，如对交售肉鹅等级的影响等，因此，除了估测，还需要计算产品质量方面改善带来的利益，方能全面评价新的管理措施的经济效果。

四、投资效益的分析与估测

鹅场为扩大生产、更换鹅种或增添设备等，需要进行新的投资。投资的资金靠贷款，而贷款一般都要付息，因此，有必要了解贷款所投入的资金对经济效益的影响。为此，必须进行投资效益的估测。此项估测是根据贷款投资后增加销售额的低限为准，此低限是投资效益的分界线，其公式如下：

$$AS = BF \times IR \div GI$$

式中　AS——投资后需增加的销售额（元）；

　　　BF——贷款数（元）；

　　　IR——贷款年利率（%）；

　　　GI——年销售总额利润率（%）。

例：某种鹅场为扩大种蛋生产，需新建一幢鹅舍，包括设备和种鹅共需投资 10 万元，因此，向银行贷款 10 万元，年利率为 9%，该场年销售总额利润率为 20%，新建种鹅舍投产后，需增加多少销售额方能偿付利息？

$$AS = 100000 \text{ 元} \times 9\% \div 20\% = 45000 \text{ 元}$$

需增加 45000 元销售额正好偿付利息。

贷款增加债务，贷款的利息又必须用额外增加销售额的利润来偿付。因此，在贷款前必须认真考虑，是否非贷不可，并且贷款后有把握增加销售额的，再进行估测，以了解需增加销售额的数量。如果增加销售额（市场预测），则投资的效益将有较大的保证，也不会损及贷款前场内所得的利润。

五、提高鹅场经济效益的措施

1. 科学的决策

在广泛市场调查的基础上，分析各种经济信息，结合鹅场内部条件

如资金、技术、劳力等，做出经营方向、生产规模、饲养方式、生产安排等方面的决策。正确的经营决策可收到较高的经济效益。

2. 实行目标管理和岗位责任制

实行目标管理和岗位责任制，是提高效益的重要途径之一，也是鹅场经营管理的一个重要环节。进行双向考核，即主要经济技术指标的目标奖罚责任制和全面管理的百分制考核，对鹅场的目标管理具有较为满意的效果。

3. 开展适度规模生产与合作经营

随着养鹅生产的发展，市场竞争日益加剧，必然导致生产每只肉鹅盈利水平的下降，这就需要通过规模饲养、薄利多销的办法来提高整体效益。在美国这样的肉禽生产大国，饲养 1 只肉鹅只能盈利 3～5 美分，但饲养者靠规模饲养，仍可获得较高的收入。

实行公司加农户式的合作经营符合我国养鹅生产的发展要求，鹅业公司具有经济上、技术上的实力，而农户具有饲养成本低、饲养管理精心的优势，两者签订生产合同，进行合作经营，由公司提供鹅苗、饲料、药品、疫苗和技术服务，农户出房舍、设备和劳力，所生产的商品肉鹅按合同规定规格、价格和时间，由公司收购，统一上市，做到公司和农户双赢。

4. 采用现代科学饲养技术，实现优质高产

现代商品市场的竞争，说到底是技术的竞争。只有高质量、低成本的产品，才具有真正的竞争力，而这要靠现代科学饲养技术来实现。在养鹅生产的各个环节上，要不断引进新技术，应用新技术。这些技术主要包括：采用现代繁育技术饲养优良的鹅种（品种是影响养鹅生产的第一要素）；采用高效饲料配方技术，提供优质、全价的饲料，以保证鹅的生产潜力充分发挥；采用标准化饲养管理技术，达到快出栏、早出栏；采用饲养环境控制技术，提高孵化率、育雏率、成品率；采用疫病防治技术，制定科学的免疫程序，提高鹅群健康水平；采用产品精深加工技术，使产品多次增值，获取最佳经济效益。

5. 努力降低生产成本

增加产出、降低投入是企业经营管理永恒的主题。鹅场要获得最佳经济效益，就必须在保证增产的前提下，尽可能减少消耗，节约费用，降低单位产品的成本。其主要途径有：

（1）降低饲料成本　从鹅场的成本构成来看，饲料费用占生产总成

本的 70% 左右，因此通过降低饲料费用来减少成本的潜力最大。

1）降低饲料价格。在保证饲料全价性和鹅的生产水平不受影响的前提下，配合饲料时要考虑原料的价格，尽可能选用廉价的饲料代用品，尽可能开发廉价的饲料资源。例如，选用无鱼粉日粮，开发利用蚕蛹、蝇蛆、羽毛粉等。

2）科学配合饲料，加强综合管理，提高饲料转化率。

3）合理喂料。给料时间、给料次数、给料量和给料方式要讲究科学。

4）减少饲料浪费。一是根据鹅的不同生物阶段设计使用合理的料槽；二是周密制订饲料计划，减少积压浪费；三是减少贮藏损耗，防鼠害、防霉变，禁止变质或掺假饲料进库。

（2）减少燃料及动力费开支 燃料及动力费占生产成本的第三位，减少此项开支的措施有：

1）采用分段饲养工艺，可节省 1/3 的共温能源。

2）鹅舍供温采用廉价能源，如粪便无害化处理的宝贵产品——沼气。

3）电保温伞加装调温器，防止过热浪费电能并影响鹅的生长。

4）鹅舍照明灯加灯罩，可将照明灯瓦数降低 40%，仍能保持规定照度。

5）夜间应将鹅舍中的灯间隔关闭 1/3，既节电，又可使多数鹅安眠。

6）按规定照度的时间给予光照，加强全场灯光管理，消灭"长明灯"。

（3）节省兽药使用支出 对鹅群投药，宜采用以下原则：可投可不投者，不投；剂量可大可小者，投小剂量；用国产或进口药均可的，用国产药；用高价、低价药均可的，用低价药；对无饲养价值的鹅，及时淘汰，不再用药治疗。

（4）降低更新鹅的培育费

1）加强饲养管理及卫生防疫，提高育雏、育成率，降低鹅只死淘摊损费。

2）开展雌雄鉴别，实行公母分养和人工授精，及早淘汰多的公鹅，减少饲料消耗。

（5）选择最佳出栏期 出栏时间的确定，一般应考虑饲料利用率和市场价格两个方面。按饲料利用率，肉鹅应在 60～70 日龄出栏，最迟在

90 日龄出栏，尤其是舍饲的鹅，10 周龄之后的饲料利用率下降，增重速度减慢。按市场价格，一般我国北方市场秋鹅售价低于春夏鹅，其原因主要是秋鹅出栏时间过于集中，而且一般体重偏小，屠宰后产肉量也低。

（6）提高设备利用率　充分合理利用各类鹅舍中的各种机器和其他设备，减少单位产品的折旧费和其他固定支出。

1）制定合理的生产工艺流程，减少不必要的空舍时间，尽可能提高鹅舍、鹅位的利用率。

2）合理使用机械设备，尽可能满负荷运转，同时加强设备维护和保养，提高设备完好率。

（7）合理利用鹅粪　鹅粪量大约相当于鹅精料消耗量的 75% 左右。鹅粪含丰富的营养物质，特别是填鹅的鹅粪，可替代部分精料喂猪、养鱼，也可干燥处理后做牛、羊等的饲料，增加鹅场收入。一个鹅场仅此一项可以使每只鹅增加 1~2 元的纯收入，同时对环境保护也有利。

（8）充分利用鹅场的副产品　要注意通过增加主产品以外的营业收入来降低养鹅的生产成本。例如，出售羽毛，出售弱雏、小公雏、毛蛋给养狐场和养狗场等。

6. 注意和其他项目的结合

发展养鹅业首先要考虑依托资源环境优势，如能较好地与其他项目结合，利用生物链，则可提高产出综合效益。以下几种综合生产模式可供选择采用：

（1）鹅鱼综合生产模式　鹅鱼综合生产模式即为利用鱼池（场）水面养鹅，鹅喂食鱼饵料和放牧青草，鹅粪喂鱼。一般每公顷水面可养鹅 300~500 只，水边及库池周围有充足的青草供鹅采食，可以少投或不投鱼饵料。具体视鱼苗放养量而定，尤其是养草鱼等食草的淡水鱼类，效果更好，因鹅吃青草后粪便呈绿色，与草色相似，鱼吃鹅粪后，可减少直接投放的饵料量。

（2）鹅果（林）综合生产模式　鹅果（林）综合生产模式是利用果园或林下草地养鹅。实践中必须注意药物中毒问题，在果树施药期间，应避开放牧，待药的毒性失效后再放牧。

（3）种养结合生产模式　有条件的可以利用空闲地种植一些优质饲料作物，如苜蓿、籽粒苋等，实践证明，即使利用耕地种植也是可行的；再如头茬作物种植小麦等早熟作物，后茬可考虑种植大麦等优质饲料作物，用于青刈或调制青贮饲料养鹅。

7. 搞好市场营销

现在的市场经济是买方市场，鹅场要获得较高的经济效益就必须研究市场、分析市场，搞好市场营销。

1）以信息为导向，迅速抢占市场。在商品经济日益发展的今天，市场需求瞬息万变，企业必须及时准确地捕捉信息，迅速采取措施，适应市场变化，以需定产，有需必供。同时，根据不同地区的市场需求差别，找准销售市场。

2）树立"品牌"意识，扩大销售市场，提高产品的市场占有率。

3）实行产供销一体化经营，减少各环节的层层盘剥。但一体化经营对技术、设备、管理、资金等方面的要求很高，可以通过企业联手或共建养鹅"合作社""股份养殖场"等形式组成联合"舰队"，以形成群体规模。

4）签订经济合同。在双方互惠互利的前提下，签订经济合同，正常履行合同。一方面可以保证生产的有序进行，另一方面又能保证销售计划的实施。特别是对一些特殊商品（如种雏），签订经济合同显得尤为重要，因为离开特定时间，其价值将消失，甚至成为企业的负担。

8. 加强记录

每一批肉鹅上市后都应根据记录计算投入产出比例，计算出每只鹅的成本及利润大小。在搞清成本结构的基础上分清主要成本和次要成本，并提出降低成本、提高效益的相应措施。

家禽常用饲料营养成分及营养价值表

饲料名称	干物质（%）	代谢能/（兆焦/千克）	粗蛋白质（%）	粗纤维（%）	钙（%）	磷（%）	赖氨酸（%）	甲硫氨酸（%）	胱氨酸（%）
大白菜	6.0	0.31	1.4	0.5	0.03	0.04	0.08	0.03	0.05
小白菜	7.9	0.46	1.6	1.7	0.04	0.06	0.08	0.01	0.03
苦荬菜	9.7	0.54	2.3	1.2	0.14	0.04	0.06	0.02	0.03
苋菜	12.0	0.63	2.8	1.8	0.25	0.07	0.12	0.01	0.02
甜菜叶	11.0	1.26	2.7	1.1	0.06	0.01	0.11	0.03	0.01
莴苣叶	8.0	0.67	1.4	1.6	0.15	0.08	0.09	0.02	0.01
胡萝卜秧	20.0	1.59	3.0	3.6	0.40	0.08	0.06	0.03	0.01
甘薯	25.0	3.68	1.0	0.9	0.13	0.05	0.02	0.01	0.01
胡萝卜	12.0	1.59	1.1	1.2	0.07	0.01	0.03	0.01	0.01
南瓜	10.0	1.42	1.0	1.2	0.04	0.02	0.03	0.03	0.01
红三叶草	12.0	0.71	3.1	1.9	0.13	0.04	0.13	0.03	0.07
毛苕子	15.8	0.84	5.0	2.5	0.20	0.06	0.18	0.04	0.11
紫云英	13.0	1.34	1.9	2.4	0.18	0.07	0.13	0.03	0.02
黑麦草	16.3	2.05	2.1	2.9	0.10	0.04	0.12	0.02	0.02
狗尾草	10.1	1.78	1.1	3.2	0.11	0.05	0.04	0.01	0.01
马唐草	28.1	1.84	3.3	6.7	0.16	0.03	0.11	0.04	0.03
苜蓿草	29.2	1.21	3.0	3.1	0.49	0.09	0.23	0.10	0.05
聚合草	11.2	0.59	3.7	1.6	0.23	0.06	0.13	0.08	0.04
槐树叶粉	90.3	3.97	18.1	11.0	2.21	0.21	0.93	0.14	0.12
甘薯粉	89.0	11.80	3.8	2.2	0.15	0.11	0.02	0.02	0.04

（续）

饲料名称	干物质（％）	代谢能/（兆焦/千克）	粗蛋白质（％）	粗纤维（％）	钙（％）	磷（％）	赖氨酸（％）	甲硫氨酸（％）	胱氨酸（％）
苜蓿草粉	89.0	3.89	20.4	19.7	1.46	0.22	0.76	0.30	0.16
大麦	88.8	11.13	10.8	4.7	0.12	0.29	0.37	0.19	0.18
糙米	87.0	13.97	8.0	0.7	0.04	0.25	0.15	0.08	0.10
高粱	89.3	13.01	8.7	2.2	0.09	0.28	0.20	0.11	0.12
裸大麦	88.0	11.59	12.0	2.5	0.08	0.31	0.37	0.19	0.18
小麦	91.8	12.89	12.1	2.4	0.07	0.36	0.34	0.11	0.25
玉米	88.4	14.06	8.6	2.0	0.04	0.21	0.27	0.14	0.17
稻谷	90.6	10.67	8.3	8.5	0.07	0.28	0.31	0.10	0.10
碎米	88.0	14.01	8.8	1.1	0.04	0.23	0.16	0.11	0.15
米糠	90.2	10.92	12.1	9.2	0.14	1.04	0.50	0.17	0.10
米糠饼	90.7	8.03	15.2	8.9	0.12	1.49	0.53	0.21	0.29
小麦麸	88.6	6.57	14.4	9.2	0.14	0.78	0.47	0.15	0.23
优等小麦麸	89.1	7.07	15.6	8.0	0.21	0.87	0.56	0.16	0.27
八四粉麦麸	88.0	7.24	15.4	8.2	0.14	1.06	0.67	0.16	0.58
七二粉麦麸	88.0	7.95	14.2	7.3	0.12	0.85	0.65	0.17	0.57
蚕豆	88.0	10.79	24.9	7.5	0.15	0.40	1.70	0.11	0.45
大豆	88.0	14.06	37.0	5.0	0.27	0.48	2.41	0.45	0.56
黑豆	88.0	13.14	36.1	6.7	0.24	0.48	2.22	0.43	0.27
豌豆	88.0	11.42	22.6	5.9	0.13	0.39	1.64	0.09	0.46
菜籽饼	92.2	8.45	36.4	10.7	0.73	0.95	1.62	0.70	0.91
菜籽粕	91.2	7.99	38.5	11.8	0.79	0.96	1.08	0.86	0.93
大豆饼	90.6	11.05	43.0	5.7	0.32	0.50	2.45	0.44	0.64
大豆粕	92.4	10.29	47.2	5.4	0.32	0.62	2.60	0.37	0.46
黑豆饼	88.0	10.54	39.8	6.9	0.42	0.48	2.24	0.35	0.40
花生粕	90.0	12.26	43.9	5.3	0.25	0.52	1.35	0.39	0.55
棉仁饼	92.2	8.16	33.8	5.1	0.31	0.64	1.29	0.30	0.32

（续）

饲料名称	干物质（%）	代谢能/（兆焦/千克）	粗蛋白质（%）	粗纤维（%）	钙（%）	磷（%）	赖氨酸（%）	甲硫氨酸（%）	胱氨酸（%）
棉仁粕	91.0	7.95	41.4	12.9	0.36	1.02	1.22	0.37	0.35
玉米胚芽饼	90.0	9.54	16.8	5.7	0.03	0.85	0.69	0.23	0.60
等外鱼粉	91.2	8.37	38.6	—	6.13	1.03	2.12	0.74	0.32
国产鱼粉	89.5	10.25	55.1	—	4.59	2.15	3.64	1.87	0.47
进口鱼粉	89.0	12.13	60.5	—	3.91	2.90	3.0	1.16	0.46
秘鲁鱼粉	90.0	12.13	62.0	—	3.13	2.90	4.35	1.18	1.03
蚕蛹	91.0	14.27	53.9	—	0.25	0.58	3.07	1.23	0.36
蚕蛹渣	89.3	11.42	64.8	—	0.19	0.75	3.86	1.32	0.68
肉骨粉	94.0	11.38	53.4	—	9.20	4.70	—	—	—
血粉	88.9	10.29	84.7	—	0.20	0.22	—	—	—
酵母	91.9	9.16	41.3	—	2.20	2.92	—	—	—
动物油	99.5	32.22	—	—	—	—	—	—	—
植物油	99.5	36.82	—	—	—	—	—	—	—
脱胶骨粉	88.0	—	—	—	36.4	16.4	—	—	—
普通骨粉	89.5	—	—	—	31.82	13.39	—	—	—
蛋壳粉	88.0	—	—	—	37.0	0.15	—	—	—
贝壳粉	88.0	—	—	—	33.4	0.14	—	—	—
二级石粉	88.0	—	—	—	35.0	—	—	—	—
磷酸氢钙	88.0	—	—	—	23.1	18.7	—	—	—
磷酸钙	88.0	—	—	—	27.91	14.38	—	—	—

参 考 文 献

[1] 尹兆正. 肉鹅标准化生产技术 [M]. 北京：中国农业大学出版社，2003.
[2] 焦库华，陈国宏. 科学养鹅与疾病防治 [M]. 北京：中国农业出版社，2001.
[3] 陈国宏. 鸭鹅饲养技术手册 [M]. 北京：中国农业出版社，2000.
[4] 李顺才. 高效养鹅 [M]. 北京：机械工业出版社，2014.
[5] 杨海明，居勇，施寿荣. 鹅健康高效养殖 [M]. 北京：金盾出版社，2010.
[6] 袁日进，王勇. 鹅高效饲养与疫病监控 [M]. 北京：中国农业大学出版社，2003.
[7] 陈耀王，许翥云，王恬. 实用养鹅技术 [M]. 北京：农业出版社，1990.
[8] 丁余荣，苏东顿. 肉鹅高效饲养 88 天 [M]. 南京：江苏科学技术出版社，1998.
[9] 徐永荣. 鹅副粘病毒病的诊断与防制 [J]. 中国禽业导刊，2012 (6)：41.
[10] 雷阳. 畜产品加工 [M]. 北京：中国农业出版社，2009.
[11] 杨廷位. 畜禽产品加工新技术与营销 [M]. 北京：金盾出版社，2011.
[12] 林建坤. 禽的生产与经营 [M]. 北京：中国农业出版社，2001.
[13] 吕忠孝，王生雨. 养鹅与鹅产品开发项目综述 [J]. 水禽世界，2010 (5)：11-13.
[14] 朱士仁. 走中国特色养鹅之路的战略思考 [J]. 中国禽业导刊，2012 (6)：12-13.
[15] 张延波，孙娟. 完善养鹅产业化链条是鹅业生产持续发展的关键措施 [J]. 水禽世界，2011 (3)：10-12.
[16] 王晓峰，李新，戴有理. 资本与技术对接开启扬州鹅产业新征程：扬州天歌鹅业发展有限公司发展纪实 [J]. 中国禽业导刊，2012 (4)：20-23.